对称双氨基酸席夫碱金属配合物的构筑及其光催化性能研究

王　虎◎著

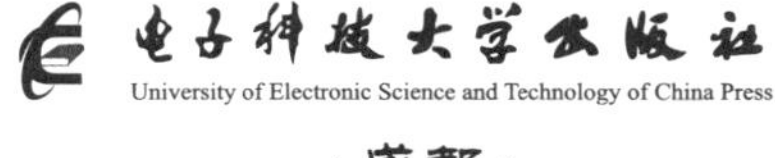

·成都·

图书在版编目（CIP）数据

对称双氨基酸席夫碱金属配合物的构筑及其光催化性能研究 / 王虎著. -- 成都 : 成都电子科大出版社, 2024. 12. -- ISBN 978-7-5770-1497-5

Ⅰ. O614. 1

中国国家版本馆 CIP 数据核字第 20256BD237 号

对称双氨基酸席夫碱金属配合物的构筑及其光催化性能研究

DUICHEN SHUANG'ANJISUAN XIFUJIAN JINSHU PEIHEWU DE GOUZHU JI QI GUANGCUIHUA XINGNENG YANJIU

王　虎　著

策划编辑　李　倩
责任编辑　李　倩
责任校对　李述娜
责任印制　梁　硕

出版发行　电子科技大学出版社
　　　　　成都市一环路东一段159号电子信息产业大厦九楼　邮编 610051
主　　页　www.uestcp.com.cn
服务电话　028-83203399
邮购电话　028-83201495

印　　刷　石家庄汇展印刷有限公司
成品尺寸　170 mm × 240 mm
印　　张　12.5
字　　数　200 千字
版　　次　2024年12月第1版
印　　次　2025年6月第1次印刷
书　　号　ISBN 978-7-5770-1497-5
定　　价　88.00元

前　　言

氨基酸席夫碱金属配合物因其出色的抗菌和抗癌活性以及催化和磁性特性，已经成为研究的热门之一。这类配合物的独特性质使其在科学研究中占据了重要地位。本书选用 1,2- 双 (2- 甲氧基 -6- 甲酰基苯氧基) 乙烷作为初始化合物，通过与 3 种结构差异明显的氨基酸进行缩合反应并与金属离子相结合，成功合成了 3 个系列的对称双氨基酸席夫碱金属配合物，共获得 8 种配合物单晶。在对这些配体及配合物进行详细表征的过程中，本书采用了元素分析、红外光谱分析、紫外光谱分析、热重分析和 X- 射线单晶衍射分析等多种先进的分析测试技术，并据此推测了金属配合物可能的配位方式及化学结构。本书利用密度泛函理论 (DFT) 的 B3LYP/6-31+G* 方法，对 1,2- 双 (2- 甲氧基 -6- 甲酰基苯氧基) 乙烷与牛磺酸镍金属配合物的分子结构进行了优化，并分析了其自然原子电荷分布、前线分子轨道能量与组成以及分子静电势。本书还采用紫外吸收光谱法对所合成的部分金属配合物进行了光催化降解有机染料的研究，并探讨了其可能的光催化机理。

本书的主要研究内容如下。

第一，本书合成得到了 1,2- 双 (2- 甲氧基 -6- 甲酰基苯氧基) 乙烷缩 L- 色氨酸配体及其金属配合物，并得到了 4 种配合物单晶，各个金属配合物的化学式为 $M(C_{40}H_{36}N_4O_8)\cdot 3CH_3OH$，其中 M 代表 Zn(Ⅱ)、Ni(Ⅱ)、Co(Ⅱ)、Mn(Ⅱ) 离子。X- 射线单晶衍射的结果显示，这些金属配合物的晶体结构均为单斜晶系，且所属的空间群为 P2(1)；每种金属离子都与1,2-双(2-甲氧基-6-甲酰基苯氧基)乙烷缩L-色氨酸单分子配体形成配合，并通过配体的两个醚氧、两个羧氧及席夫碱结构的 >C=N— 上的两个氮原子与之配位，构成了2N + 4O的六齿中性扭曲的八面体结构。此外，每个配合物分子中的3个甲醇溶剂分子处于游离状态，不涉及配位。以$Zn(C_{40}H_{36}N_4O_8)\cdot 3CH_3OH$为例，其具体的晶胞参数为$a = 9.542\,4(8)$ Å(1 Å=1×10^{-10} m，括号中的数字表示该测量值的不确定度)，$b = 14.086\,3(14)$ Å，$c = 16.712\,5(17)$ Å，$\alpha = \gamma = 90°$，$\beta = 104.091(2)°$，$V = 2\,178.9(4)$ Å^3，$F(000) = 904$，$\rho_{calcd} = 1.314$ g/cm^3，最终偏差因子$R_1 = 0.081\,2$，$wR_2 = 0.142\,9$[对$I > 2\sigma(I)$的衍射点]。在配合物中，分子间通过N—H···O和O—H···O氢键作用，构建了二维层状结构。这些层状结构进一步通过π-π堆积作用形成三维网状结构。其他配合物的分子组成为$M(C_{40}H_{36}N_4O_8)\cdot 3CH_3OH$ [M = Cu(Ⅱ)、Cd(Ⅱ)]。

第二，本书合成得到了1,2-双(2-甲氧基-6-甲酰基苯氧基)乙烷缩L-甲硫氨酸配体及其金属配合物，并得到了3种配合物单晶，各个金属配合物的化学式为$M(C_{28}H_{34}N_2O_8S_2)\cdot H_2O$及$Zn(C_{28}H_{34}N_2O_8S_2)\cdot CH_3OH$，其中M代表Ni(Ⅱ)和Co(Ⅱ)离子。X-射线单晶衍射的结果显示，$Ni(C_{28}H_{34}N_2O_8S_2)\cdot H_2O$、$Co(C_{28}H_{34}N_2O_8S_2)\cdot H_2O$和$Zn(C_{28}H_{34}N_2O_8S_2)\cdot CH_3OH$的晶体结构分别属于三斜、单斜及三斜晶系，所属的空间群分别为P-1、P2(1)/c及P-1，每种金属离子都与1,2-双(2-甲氧基-6-甲酰基苯氧基)乙烷缩L-甲硫氨酸单分子配体形成配合，并通过配体的两个醚氧、两个羧氧及席夫碱结构的 >C=N— 上的两个氮原子与之配位，构成了2N + 4O的六齿中性扭曲的八面体结构。此外，每个配合物分子中的甲醇或水溶剂分子处于游离状态，不涉及配位。以$Co(C_{28}H_{34}N_2O_8S_2)\cdot H_2O$为例，其具体的晶胞参数为$a = 11.609\,1(9)$ Å，$b = 16.942\,9(15)$ Å，$c = 17.000\,0(16)$ Å，$\alpha = \gamma = 90°$，$\beta = 118.482(3)°$，$V = 2\,939.1(4)$ Å^3，$F(000)$

= 1 396，ρ_{calcd} = 1.509 g/cm³，最终偏差因子 R_1 = 0.067 4，wR_2 = 0.143 8[对 I ＞ 2σ(I) 的衍射点]。配合物分子之间通过 O—H···O 分子间氢键作用以及 C—H···O 分子间弱作用，形成了配合物的二维层状结构。其他配合物的分子组成为 $M(C_{28}H_{34}N_2O_8S_2)\cdot H_2O$ [M = Mn(Ⅱ)、Cu(Ⅱ)、Cd(Ⅱ)]。

第三，本书合成得到了 1,2- 双 (2- 甲氧基 -6- 甲酰基苯氧基) 乙烷缩牛磺酸配体及其金属配合物，并得到了一个配合物单晶，该金属配合物的化学式为 $Ni(C_{22}H_{26}N_2O_{10}S_2)\cdot 2CH_3OH$。X- 射线单晶衍射的结果显示，该配合物的晶体结构属于单斜晶系，所属的空间群为 C2/c。晶胞参数 a = 9.232 5(9) Å，b = 17.220 5(19) Å，c = 18.619 4(17) Å，α = 90°，β = 100.697(2)°，γ = 90°，V = 2 908.8(5) Å³，F(000) = 1 392，ρ_{calcd} = 1.519 g/cm³，最终偏差因子 R_1 = 0.067 8，wR_2 = 0.159 7 [对 I ＞ 2σ(I) 的衍射点]；每种金属离子与 1,2- 双 (2- 甲氧基 -6- 甲酰基苯氧基) 乙烷缩牛磺酸单分子配体形成配合，并通过配体的两个醚氧、两个磺酸基氧及席夫碱结构的 $\rangle$C═N— 上的两个氮原子与之配位，构成了 2N + 4O 的六齿中性扭曲的八面体结构。每个配合物分子中的两个甲醇溶剂分子处于游离状态，不涉及配位。配合物分子之间通过 C—H···O 分子间弱作用以及 π－π 堆积作用，形成了配合物的二维层状结构。其他配合物的分子组成为 $M(C_{22}H_{26}N_2O_{10}S_2)\cdot 2CH_3OH$ [M = Zn(Ⅱ)、Co(Ⅱ)、Mn(Ⅱ)、Cu(Ⅱ)、Cd(Ⅱ)]。

第四，本书基于 $Ni(C_{22}H_{26}N_2O_{10}S_2)\cdot 2CH_3OH$ 的晶体结构，使用 Gaussian 03 软件和密度泛函理论 (DFT) 中的 B3LYP 方法，结合 6-31+G* 基组，对分子结构进行了优化，对配合物进行了自然原子电荷分布、前线分子轨道能量与组成以及分子静电势方面的计算。通过对比计算与实验数据发现，两者具有很好的一致性，从而验证了计算模型的有效性，也为进一步探讨配合物的性质奠定了一定的理论基础。

第五，本书采用紫外吸收光谱法，研究了金属配合物

$M(C_{40}H_{36}N_4O_8)\cdot 3CH_3OH$［其中 M 为 Zn(Ⅱ)、Ni(Ⅱ)、Co(Ⅱ)离子］及 $Ni(C_{22}H_{26}N_2O_{10}S_2)\cdot 2CH_3OH$ 对 3 种常见有机染料（亚甲基蓝、罗丹明 B、甲基紫）的光催化降解性能，并探讨了可能的光催化降解机理。实验结果表明，4 种配合物对亚甲基蓝具有较好的光催化降解活性，其中镍和钴配合物的催化活性强于锌配合物的催化活性；配合物 $Ni(C_{40}H_{36}N_4O_8)\cdot 3CH_3OH$ 和 $Co(C_{40}H_{36}N_4O_8)\cdot 3CH_3OH$ 对罗丹明 B 具有较好的光催化降解能力；4 种配合物对甲基紫的光催化降解能力较差。配合物光催化降解有机染料的机理可能是利用反应过程中生成的 ·OH 和 O_2^- 把处于激发态的有机染料分子氧化降解。

本书既可以作为高等学校化学、材料及相关专业的本科生、研究生的学习资料，也可以供有机金属化学领域的科技研究人员参考。

本书得到了六盘水师范学院学术著作出版项目，以及六盘水师范学院一流本科课程培育项目（项目编号 2023-03-013）的资助，谨向六盘水师范学院表示最衷心的感谢！

由于作者水平有限，书中难免存在疏漏，恳请读者提出宝贵意见，以便进一步完善。

王　虎

2024 年 10 月

目　　录

第 1 章

绪　　论

配位化学是涉及多个学科且各学科交叉融合的一个领域。早期配位化学的研究对象主要是由金属离子和杂原子形成的一类化合物。随着对配位化学研究的不断深入，以及现代分析测试方法的不断进步，人们合成了大量结构新颖、性质优良的金属配合物。从此，配位化学作为一门独立的学科被广泛研究，其研究对象进一步延伸到具有特定结构且性能优良的功能配合物。在配位化学的发展过程中出现的许多理论（如 Lewis 酸碱理论、价键理论等）也极大地推动了配位化学的发展。由于其独特的性能，这些新型的功能配合物已广泛应用于生物化学、分析化学、医药化学、催化化学等众多科学领域，并在电镀工业、半导体制造、湿法冶金、原子能工业等领域展示了其广泛的应用性。其中，氨基酸类席夫碱配合物一直是人们研究的热点，人们对其进行了大量的热力学与动力学性质研究以及抑菌、抗癌与催化活性研究。作为一类重要的配合物，氨基酸类席夫碱配合物因其丰富的配位模式、多变的空间结构以及优良的性能而在众多领域中得到了广泛应用。

1.1 席夫碱及其配合物概述

席夫碱 (Schiff base) 是由含有氨基的有机化合物与含有醛基的有机化合物通过缩合反应脱去一分子水而形成的一类物质，它是由德国化学家雨果 · 席夫 (Hugo Schiff) 于 1864 年首次发现的。席夫碱类化合物含有配备孤电子对的 —C═N— 键，此特性使席夫碱类化合物成为优秀的有机配体，具备出色的配位能力。其中，对称双席夫碱化合物的结构中引入了多个配位点，能与多种过渡金属配位形成配合物，有较好的生理活性，可以降低反应物的毒性。近年来，席夫碱金属配合物在生物化学等学科领域的应用越来越受到人们的重视。

1.1.1 席夫碱金属配合物的主要合成方法

席夫碱金属配合物的合成方法包括直接合成法、分步合成法和水热合成法等。这些方法各具特色，适用于合成不同类型的配合物。在实验中，选择合适的方法对成功合成目标配合物至关重要。

1. 直接合成法

在一定实验条件下，将伯胺类化合物、含活泼羰基的化合物和金属离子进行混合反应，一定时间后便可成功合成所需的席夫碱金属配合物。在合成过程中，通常是先进行配体的制备，再加入金属离子继续反应，制得金属配合物。此种方法相对来说较为简便快速，但由于副反应的发生，配合物的纯化变得困难，并且不易表征结构。

2. 分步合成法

首先，将伯胺类化合物与活泼羰基化合物溶解于适当溶剂中，在一定条件下反应适当时间，形成配体。其次，对席夫碱配体进行提纯，再将其溶解于溶剂中，并与金属离子在特定条件下反应，从而制得席夫碱金属配合物。此种方法所制得的产品较为纯净，易于表征，且产率一般较高。

3. 水热合成法

将反应物料与溶剂相混合，在一定温度和压强下进行反应。此种方法具有高效、迅速的特点，并且易于获得纯度较高的化合物晶体。

1.1.2 席夫碱金属配合物的研究现状

席夫碱既可以与过渡金属元素配位得到稳定的金属配合物，也可以与非过渡金属元素、镧系金属等配位得到稳定的金属配合物。席夫碱金属配合物的结构中可以引入多种具有不同功能的官能团，这些配体及其配合物在生物活性、催化活性、化学分析等方面有着广泛的研究价值。

1. 生物活性方面的研究

席夫碱及其金属配合物因其结构中通常含有 N、O、S 等杂原子，种类繁多，结构复杂，具有多种生物活动性，包括抑菌、抗氧化、DNA 嵌入作用以及抗病毒和抗肿瘤等作用。

金属配合物因其良好的抑菌、抗癌作用而一直受到人们的关注。相关文献中指出，席夫碱配合物具有不同程度的杀菌和抑菌活性。Hu 等 (2021) 在实验中发现，配合物的抗菌活性随着烷基链长度的增加而降低，这可能是因为较长的链空间位阻较大，从而影响了抗菌活性。Chen 等 (2022) 合成了 4 种 Cu(Ⅱ) 配合物，并对其杀菌机制进行了深入探讨。Deghadi 等 (2022) 的研究表明，Co(Ⅱ) 和 Fe(Ⅲ) 的金属配合物显示出优异的抗菌活性，这些配合物的抗菌性与所含过渡金属的类型紧密相关。Abdulrahman 等 (2023) 研究了一种新的金属有机配体，并合成了 Cu(Ⅱ)、Co(Ⅱ)、Zn(Ⅱ) 3 种金属配合物。实验结果表明，上述金属配合物的抑菌性能都比其配体的抑菌性能强。1965 年，美国科学家 Rosenberg 及其同事发现顺式二氯二氨合铂(Ⅱ)能够抑制大肠杆菌的细胞分裂，并在1969年证实其具有出色的抗菌和抗肿瘤活性，为抗菌和抗肿瘤药物研究开辟了新领域。在20世纪70年代，Hodnett和Dunn(1970)进一步研究了席夫碱及其相应金属配合物对动物肿瘤生长的抑制效果。实验结果显示，配体结构和金属离子种类对配合物的抗肿瘤活性及其效力有显著影响。Meena和Baroliya(2023)研究了嗪类希夫碱配体(L1−L4)及其Pd(Ⅱ)配合物(C1−C4)的[Pd(L)(OAc)2]类型，并筛选了具有抗细菌、抗真菌、抗疟疾等良好活性的席夫碱及其Pd(Ⅱ)复合物。Singh等(2023)对合成的多种氨基酸类席夫碱配体及其相应的金属配合物进行了抗菌、抗癌活性实验。研究表明，这些配体及其金属配合物大都具有一定程度的生物活性。本书选用的席夫碱Cu(Ⅱ)、Cd(Ⅱ)及Zn(Ⅱ)配合物能够很好地抑制肿瘤细胞的恶性增殖，可作为一类蛋白酶体抑制剂，诱导癌细胞凋亡。

2. 催化活性方面的研究

随着配位化学的日益发展，金属配合物特别是过渡金属配合物被应用到多种类型的化学反应中，并表现出良好的催化性能。Zheng等(2023)利用二膦配体的手性单膦−Ir/Ru金属配合物作为催化剂，催化不对称氢化。实验结果表明，二膦的单膦−金属配合物可以成为不对称氢化反应的催化活性中心，为制备新型特权膦基非均相催化剂奠定了基础。Russell等(2024)将合成的Ti、V等碱金属配合物作为催化剂，在循环聚合反应中催化苯乙炔。金属配合物虽然可作为催化剂催化化学反应，表现出良好的活性且得到广泛的应用，但其仍未实现成熟、稳定的大量生产。未来的研究应该解决催化剂回收率低、成本高的效率问题，生产具有高选择性、高催化活性且能重复使用的配合物催化剂并将其作为研究的主导方向。这样，配合物也将在化工及相关行业中发挥越来越大的作用。

3. 化学分析方面的研究

配位反应在元素重量分析、光度分析等领域有着十分广泛的应用。借助现代色谱仪器等高新仪器，人们已经可以把配合物应用于检测微量组分、鉴别金属离子等领域。二价锌离子与设计膜相中的5−(2′,4′−dimethylphenylazo)−6−hydroxy−pyrimidine−2,4−dione(DMPAHPD)选择性络合，Amin 等 (2022) 借助此特点制备了一种对各种过渡金属离子、碱和碱土离子有明显响应的化学传感器，从而实现了对各种过渡金属离子、碱和碱土离子高灵敏、高选择的检测。Betancourth 等 (2022) 以双腙为原料，合成了 Co、Zn 网格型 [2 × 2] 和角型金属配合物，并对其电化学性质进行了研究。随着生物传感器的迅速发展，将所合成的金属配合物更好地应用于生物传感器方面的研究受到了人们越来越高的重视。Lei 等 (2022) 成功合成了在正常尿液 pH 范围内能够在水溶液和真实尿液中表现出良好稳定性的 Cd−MOF 配合物，该配合物可作为双响应发光生物传感器，用于检测阻燃磷酸三苯酯和甲苯中毒的生物标志物磷酸二苯酯和马尿酸，并显示出灵敏度高、响应迅速、抗干扰能力好、可逆性好等优点。Zilberg 等 (2021) 研究了基于玻璃碳电极的对映选择性传感器的电化学和分析特性，这些传感器是由螯合物络合物修饰而成的，其中的螯合物络合物包括 bis(L−phenylalaninate) copper(Ⅱ)、glycinato−L−phenylalaninate copper(Ⅱ)、tris(L−phenylalaninate) cobalt(Ⅱ)、bis(L−phenylalaninate) zinc。研究发现，在测定色氨酸对映异构体的传感器中，效果最好的是经 copper(Ⅱ) (bis) L − phenylalaninate 修饰的传感器，在进行色氨酸对映异构体测定时，该传感器对于 L− 色氨酸的线性浓度范围为 6.25×10^{-7} ～ 0.5×10^{-3} mol/L，对于 D − 色氨酸的线性浓度范围为 5×10^{-6} ～ 0.5×10^{-3} mol/L。由此可看出，该传感器对 L− 色氨酸更敏感，修饰的电极可应用于人类尿液和血浆样本的检测。Kalavathi 等 (2023) 合成了一种新型的荧光探针席夫碱 AK2，对 Al(Ⅲ) 离子检测具有高选择性、高结合常数 ($K_b = 3.9 \times 10^4$ L/mol) 和低检测限 (LOD = 0.9 μmol)，可用于多种天然基质及细胞内 Al(Ⅲ) 的检测。

1.2 光催化降解有机染料概述

染料废水作为工业有害废水的一种，以排放量大、毒性强、成分复杂以及色度高而被视为废水处理行业的一大挑战。染料废水中含有的硝基化合物、胺基化合物以及铜、铬等重金属元素，对生态系统具有显著的生物毒性和水体污染风险，可能通过食物链富集作用对生物多样性及人类健康造成长期危害。

半导体光催化氧化法是一种常见的染料废水治理方法，该方法可将吸收的光能转变为化学能，使反应在相对温和的条件下进行。目前研究的半导体光催化剂大多是宽禁带的n型半导体材料，其中二氧化钛(TiO_2)是一种被广泛使用的光催化剂，因其稳定的性能、强光腐蚀抵抗力以及经济的成本，被认为是非常理想的选择。在光催化剂材料中，半导体光催化材料具有与金属不同的特性，特别是其独特的能带结构。在半导体中，价带和导带之间存在一个禁带，能够影响光吸收的性质。关于半导体的光吸收阈值，存在一个与带隙 E_g 相关的公式 $K=\frac{1\,240}{E_g}$ (eV)，这表明光吸收的波长阈值主要在紫外光区域。TiO_2 的这些特性使其在环境净化和能源转换领域有着广泛的应用，特别是在分解水污染物和空气净化等方面。当光子能量较高时，受到激发的价带电子(e^-)进入导带，形成了氧化还原体系：具有较强氧化性的价带上带正电的空穴(h^+)以及具有较强还原性的光生电子。当有机染料处在光照条件下时，吸附于材料表面的 O_2 获得电子形成 O_2^-，而产生的空穴会将 OH^- 及 H_2O 氧化成·OH。O_2^- 和·OH具有很强的氧化性，这些高活性的自由基与染料自由基结合后，破坏了有机染料分子的结构。经过一系列复杂反应，绝大多数的有

机染料被氧化为 CO_2 和 H_2O。光催化反应原理如图 1-1 所示。

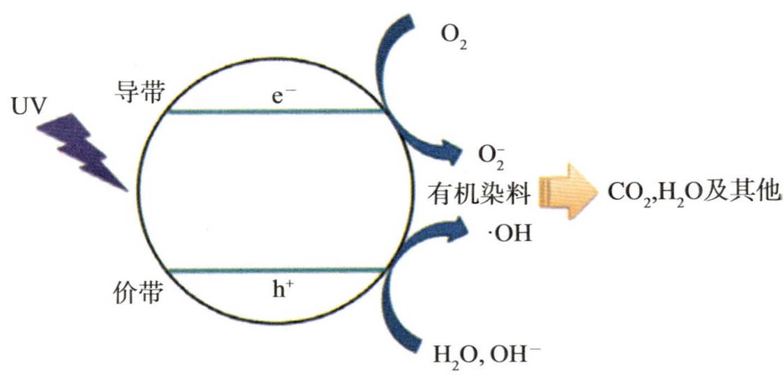

图 1-1　光催化反应原理示意图

近年来，利用席夫碱金属配合物作为催化剂进行光催化降解有机染料的研究得到了人们的重视，该方法具有催化效率高、无毒以及低生产消耗等优点。含有氮和氧配位原子的配合物在紫外线的照射下，配体内会发生氮氧配位原子向金属离子电荷转移的过程 (OMCT 和 NMCT)，处于激发态的配合物会夺取水分子的一个电子而产生大量的 · OH，从而将有机染料氧化脱色。Janjua 等 (2023) 以合成的 Cd(Ⅱ) 和 Mn(Ⅱ) 席夫碱配合物为研究对象，探讨了其对染料曙红黄的光催化降解活性。实验结果表明，两种配合物对曙红黄均有较强的光催化降解能力，并且 Cd(Ⅱ) 配合物的催化活性强于 Mn(Ⅱ) 配合物的催化活性。Ozgur 等 (2024) 研究了 3 种席夫碱钯 (Ⅱ) 配合物对多种有机染料的光催化降解实验，其中 M2 催化剂对多种有机染料 (2-NA、4-NA、EY 和 MB) 均有较强的光催化降解活性和优异的性能。席夫碱金属配合物因其结构多变、合成简单、催化效果较好等优点，成为一类较受关注的光催化降解有机染料的材料。

第 2 章

1,2- 双 (2- 甲氧基 -6- 甲酰基苯氧基) 乙烷缩 L- 色氨酸席夫碱配合物的合成与表征

2.1 引　言

由于氨基酸席夫碱分子结构中含有氮和氧等原子，因此这些席夫碱能够与金属原子形成配位键，生成稳定的氨基酸席夫碱金属配合物。研究发现，氨基酸席夫碱金属配合物在生物化学与催化化学领域有着广泛的应用潜力，其开发与研究具有重要的科学和实际意义。L- 色氨酸是人体必需的氨基酸之一，在自然界中广泛存在。它是 5- 羟色胺的前体，能够参与人体蛋白质的合成和代谢。因此，开发基于 L- 色氨酸的新型席夫碱金属配合物能够为探索新的生物活性物质开辟道路。目前，人们对 L- 色氨酸金属配合物的研究主要集中在单分子的 L- 色氨酸和醛缩合反应所形成的金属配合物的合成、表征及生物活性研究，利用两分子的 L- 色氨酸与二醛类化合物所形成的新型对称双氨基酸席夫碱及其金属配合物的研究报道却较少。

本章首先选取 1,2- 双 (2- 甲氧基 -6- 甲酰基苯氧基) 乙烷为先导化合物，使其与两分子的 L- 色氨酸缩合反应得到席夫碱配体；其次

分别与过渡金属的羧酸盐 [Zn(Ⅱ)、Ni(Ⅱ)、Co(Ⅱ)、Mn(Ⅱ)、Cu(Ⅱ)、Cd(Ⅱ)] 进行配位反应，得到一系列相应的金属配合物粉末并培养得到锌、镍、钴、锰 4 种配合物的晶体；最后采用红外光谱技术与 X- 射线单晶衍射技术等多种分析工具，对配体及其金属配合物进行详细的表征研究，从而推断出它们可能的化学结构与组成。金属配合物的组成为 $M(C_{40}H_{36}N_4O_8)\cdot 3CH_3OH$ [M = Zn(Ⅱ)、Ni(Ⅱ)、Co(Ⅱ)、Mn(Ⅱ)、Cu(Ⅱ)、Cd(Ⅱ)]，每种金属离子都能与 1,2- 双 (2- 甲氧基 -6- 甲酰基苯氧基) 乙烷缩 L- 色氨酸单分子配体形成配合，并通过配体的两个醚氧、两个羧氧及席夫碱结构 $>C=N-$ 上的两个氮原子与之配位，形成 2N + 4O 的六齿中性扭曲的八面体结构。

2.2 实　验

2.2.1 化学试剂

实验所用化学试剂见表 2-1。

表 2-1　化学试剂

名称	纯度	试剂品牌
邻香草醛	AR	安耐吉化学试剂
L- 色氨酸	BR	安耐吉化学试剂
$Zn(CH_3COO)_2\cdot 2H_2O$	AR	安耐吉化学试剂
$Ni(CH_3COO)_2\cdot 4H_2O$	AR	安耐吉化学试剂
$Co(CH_3COO)_2\cdot 4H_2O$	AR	安耐吉化学试剂
$Mn(CH_3COO)_2\cdot 4H_2O$	AR	安耐吉化学试剂
$Cu(CH_3COO)_2\cdot H_2O$	AR	安耐吉化学试剂

续表

名称	纯度	试剂品牌
$Cd(CH_3COO)_2 \cdot 2H_2O$	AR	安耐吉化学试剂
KOH	AR	安耐吉化学试剂
KBr	SP	安耐吉化学试剂
无水甲醇	AR	安耐吉化学试剂

2.2.2 实验仪器

实验所用主要仪器见表 2-2。

表 2-2 实验仪器

仪器	型号
元素分析仪	Perkin Elmer 2400 型元素分析仪
红外光谱仪	Nicolet 170SX 红外光谱仪
紫外 - 可见分光光度计	Shimadzu UV 2550 双光束紫外 - 可见光分光光度计
热重分析仪	NETZSCH TG 209F3 热重分析仪
X- 射线单晶衍射仪	Bruker Smart-1000 CCD 型 X- 射线单晶衍射仪

2.2.3 1,2- 双 (2- 甲氧基 -6- 甲酰基苯氧基) 乙烷缩 L- 色氨酸席夫碱配合物的合成

称取 0.204 g (1 mmol) L- 色氨酸和 0.056 g (1 mmol) 氢氧化钾于 100 mL 圆底烧瓶中，加入 30 mL 无水甲醇，搅拌均匀使其溶解。待反应体系呈无色透明溶液后，将 0.165 g (0.5 mmol) 1,2- 双 (2- 甲氧基 -6- 甲酰基苯氧基) 乙烷溶解于 20 mL 的无水甲醇中，然后将这一溶液缓慢地滴加至一个圆底烧瓶内，加热到 50 ℃并反应 5 h，得到配体 [$K_2(C_{40}H_{36}N_4O_8)$、K_2L^1] 的亮黄色透明溶液。反应方程式为

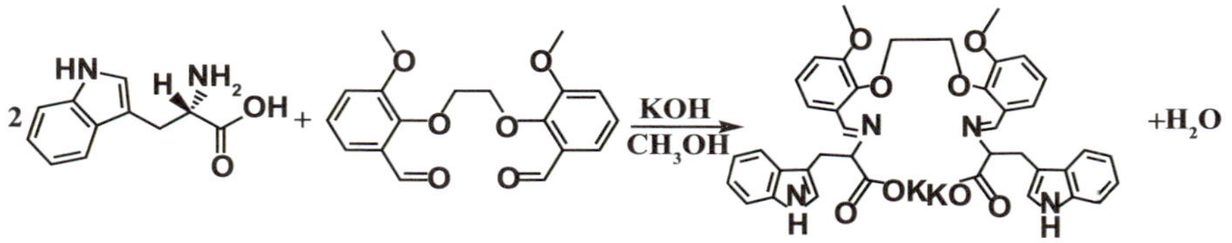

将 0.5 mmol 的 $Zn(CH_3COO)_2 \cdot 2H_2O$ (0.110 g)、$Ni(CH_3COO)_2 \cdot 4H_2O$ (0.124 g)、$Co(CH_3COO)_2 \cdot 4H_2O$ (0.125 g)、$Mn(CH_3COO)_2 \cdot 4H_2O$ (0.122 g)、$Cu(CH_3COO)_2 \cdot H_2O$ (0.100 g)、$Cd(CH_3COO)_2 \cdot 2H_2O$ (0.133 g) 溶于 15 mL 无水甲醇中，缓慢地将金属盐溶液滴加到席夫碱配体溶液中，保持恒温 50 ℃，磁力搅拌加热回流 5 h，冷却至室温，过滤。利用液液扩散法，大约经过 3 d 时间分别得到锌、镍、钴、锰配合物的单晶。

2.3　结果与讨论

2.3.1　元素分析

本章使用 Perkin Elmer 2400 型元素分析仪对合成的配体及其相关金属配合物中的碳、氢、氮元素的百分比进行了精确测定，结果见表 2-3。经过数据对比分析发现，实际测得的各元素百分比与理论预测值相当吻合。

表 2-3 配合物的元素分析数据

单位：%

配体及配合物	C	H	N
$K_2(C_{40}H_{36}N_4O_8)$	64.89 (64.94)	4.93 (4.90)	7.54 (7.57)
$ZnL^1 \cdot 3CH_3OH$	59.90 (59.90)	5.61 (5.61)	6.50 (6.50)
$NiL^1 \cdot 3CH_3OH$	60.37 (60.37)	5.38 (5.38)	6.80 (6.80)
$CoL^1 \cdot 3CH_3OH$	60.35 (60.35)	5.65 (5.65)	6.55 (6.55)
$MnL^1 \cdot 3CH_3OH$	60.63 (60.63)	5.68 (5.68)	6.58 (6.58)
$CuL^1 \cdot 3CH_3OH$	60.03 (60.03)	5.62 (5.62)	6.51 (6.51)
$CdL^1 \cdot 3CH_3OH$	56.80 (56.80)	5.32 (5.32)	6.16 (6.16)

注：括号内为理论值。

2.3.2 红外光谱分析

本章采用 Nicolet 170SX 红外光谱仪，并运用溴化钾压片技术，在 400 ～ 4 000 cm^{-1} 的波数区间内对合成的配体及其金属配合物进行了细致的扫描分析。所得的红外光谱图如图 2-1 至图 2-7 所示，关键的吸收峰数据见表 2-4。

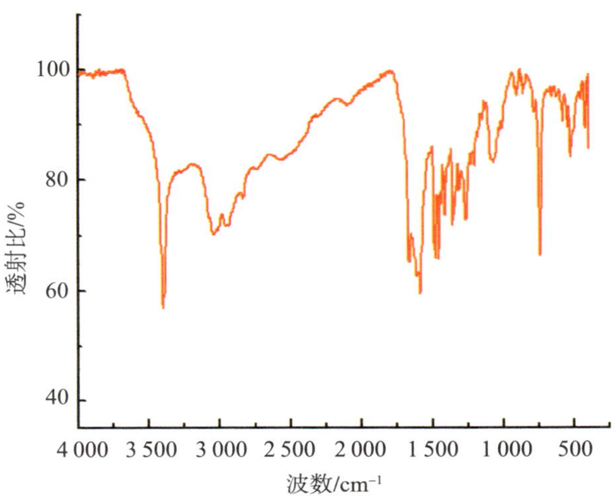

图 2-1　K_2L^1 的红外光谱图

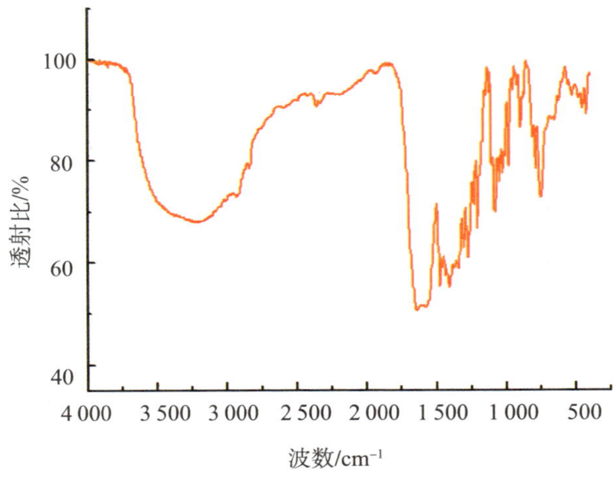

图 2-2　$ZnL^1 \cdot 3CH_3OH$ 的红外光谱图

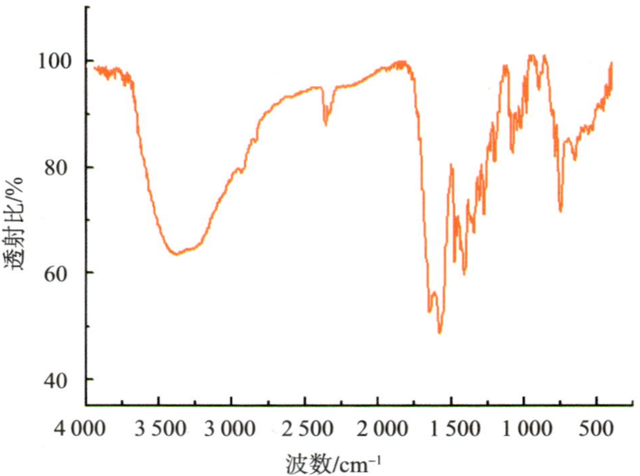

图 2-3　$NiL^1 \cdot 3CH_3OH$ 的红外光谱图

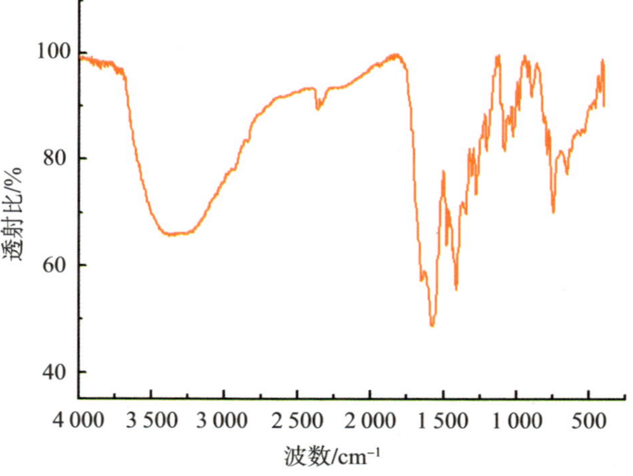

图 2-4　$CoL^1 \cdot 3CH_3OH$ 的红外光谱图

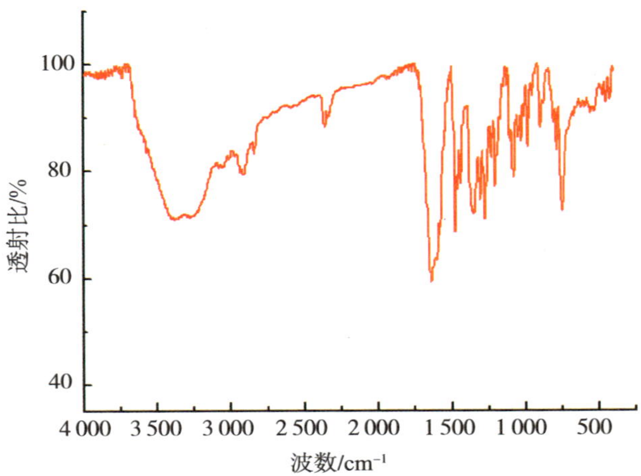

图 2-5　$MnL^1 \cdot 3CH_3OH$ 的红外光谱图

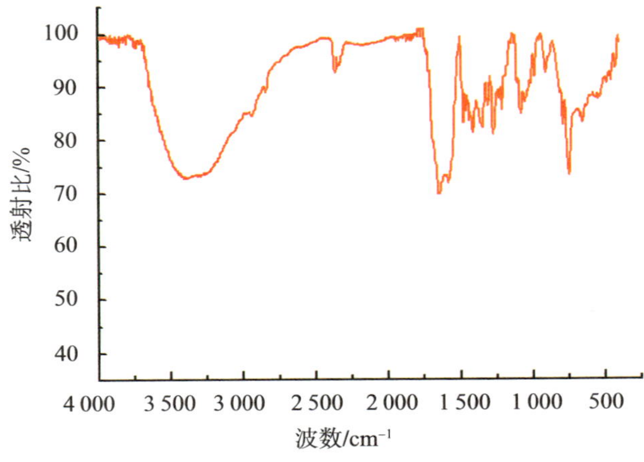

图 2-6　$CuL^1 \cdot 3CH_3OH$ 的红外光谱图

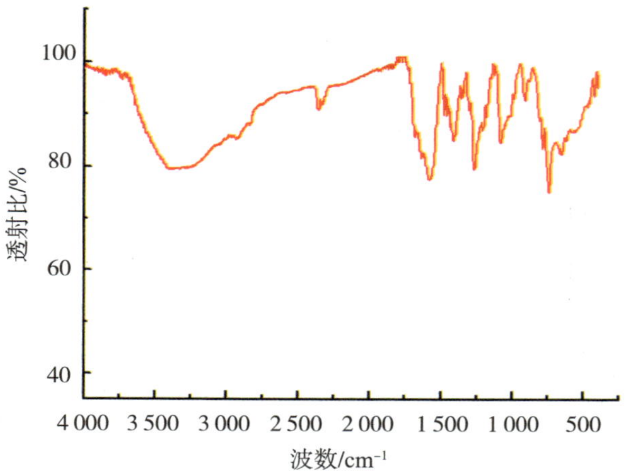

图 2-7　$CdL^1 \cdot 3CH_3OH$ 的红外光谱图

表 2-4　配体及配合物的主要红外光谱数据

单位：cm^{-1}

配体及配合物	$\nu_{C=N}$	$\nu_{as(coo-)}$	$\nu_{s(coo-)}$	ν_{AR-O}	ν_{M-N}	ν_{M-O}
K_2L^1	1 664	1 613	1 357	1 265	—	—
$ZnL^1 \cdot 3CH_3OH$	1 643	1 576	1 399	1 207	532	423
$NiL^1 \cdot 3CH_3OH$	1 646	1 574	1 347	1 202	524	427
$CoL^1 \cdot 3CH_3OH$	1 648	1 581	1 348	1 204	529	429
$MnL^1 \cdot 3CH_3OH$	1 639	1 601	1 359	1 205	527	428
$CuL^1 \cdot 3CH_3OH$	1 646	1 576	1 352	1 212	534	429
$CdL^1 \cdot 3CH_3OH$	1 641	1 586	1 356	1 210	537	426

在配合物的红外光谱中，1 639 ～ 1 646 cm^{-1} 范围内观察到一个显著的吸收峰，这一峰表示了亚胺基（—C=N—）的特征吸收。此外，在 524 ～ 537 cm^{-1} 区间内也存在一个较小的吸收峰，此峰可视为金属与亚胺基氮原子之间振动的指示，反映了氮原子与金属离子之间配位键的形成。

在 1 574 ～ 1 601 cm^{-1} 的波段内，羧基的 $v_{as(coo—)}$ 显著，对称伸缩振动 $v_{s(coo—)}$ 则出现在 1 347 ～ 1 399 cm^{-1} 的区间内，$v_{as(coo—)}$ 与 $v_{s(cco—)}$ 的频率差超过了 160 cm^{-1}。这种现象通常能够反映羧基氧原子通过单齿方式与中心金属离子配位的情形。

配体在 1 265 cm^{-1} 处出现强吸收峰，归属为芳香醚基上碳氧键的伸缩振动峰，配合物在 1 202 ～ 1 212 cm^{-1} 范围内出现了类似的吸收峰，表明芳香醚基上的氧原子与金属离子发生了配位作用。

在配合物的红外谱图中，423 ～ 429 cm^{-1} 范围内出现了伸缩振动峰，这说明金属离子与氧原子发生了配位作用。

2.3.3 紫外光谱分析

在常温下，本章将配体 K_2L^1 及其相应金属配合物溶解于无水甲醇中，并利用 Shimadzu UV 2550 双光束紫外 - 可见光分光光度计对其进行紫外 - 可见光谱分析，得到的光谱如图 2-8 所示。紫外吸收峰的数据见表 2-5。

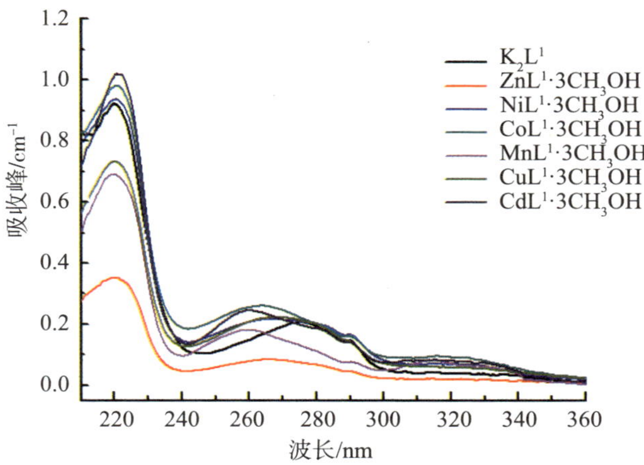

图 2-8 配体 (K_2L^1) 及其金属配合物 ($ZnL^1 · 3CH_3OH$、$NiL^1 · 3CH_3OH$、$CoL^1 · 3CH_3OH$、$MnL^1 · 3CH_3OH$、$CuL^1 · 3CH_3OH$、$CdL^1 · 3CH_3OH$) 的紫外光谱图

表 2-5　配体及配合物的主要紫外光谱数据

配体及配合物	第一谱带λ_{max1}/nm	第二谱带λ_{max2}/nm
K_2L^1	220	260
$ZnL^1 \cdot 3CH_3OH$	219	265
$NiL^1 \cdot 3CH_3OH$	220	268
$CoL^1 \cdot 3CH_3OH$	220	263
$MnL^1 \cdot 3CH_3OH$	220	265
$CuL^1 \cdot 3CH_3OH$	220.5	267
$CdL^1 \cdot 3CH_3OH$	220.5	262

由图 2-8 和表 2-5 中的数据可知，1,2- 双 (2- 甲氧基 -6- 甲酰基苯氧基) 乙烷缩 L- 色氨酸席夫碱配体 (K_2L^1) 存在两个显著的吸收峰，其中一个最大吸收峰位于220 nm处，这主要是由苯环和吲哚环的 π－π* 电子跃迁引起的；而在 260 nm 的位置上，存在另一个强烈的吸收峰，这可以归因于亚胺基上氮原子的孤电子对进行的 n－π 电子跃迁。本章在对比配体与其形成的配合物的光谱数据时发现，配合物的主要紫外吸收峰相较于配体出现了位移。关于第二个主要紫外吸收峰，其表现出的红移现象反映了金属离子与配体中亚胺基上的氮原子之间的配位作用。这种作用提高了配合物的电子离域性，进而使 n－π* 能级跃迁所需的能量降低。

2.3.4　热重分析

本章在 N_2 气氛、升温速率为 20 ℃ / min 和温度范围为 35 ～ 1 000 ℃的条件下，对配合物 $ZnL^1 \cdot 3CH_3OH$、$NiL^1 \cdot 3CH_3OH$ 和 $CoL^1 \cdot 3CH_3OH$ 的热力学稳定性进行了研究，结果如图 2-9 所示。

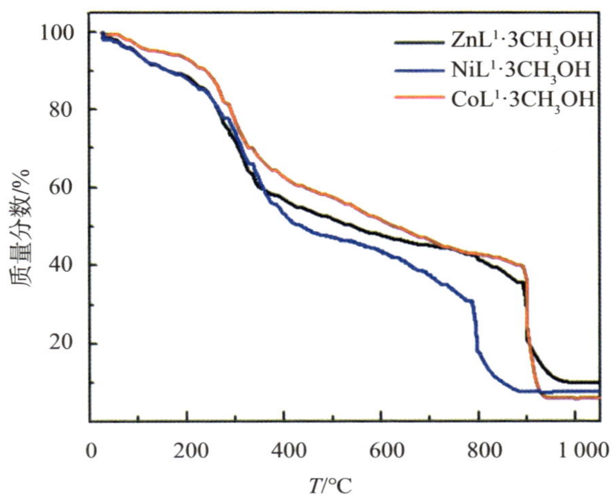

图 2–9　配合物 $ZnL^1·3CH_3OH$、$NiL^1·3CH_3OH$ 和 $CoL^1·3CH_3OH$ 的热重分析图

如图 2–9 所示，配合物 $ZnL^1·3CH_3OH$、$NiL^1·3CH_3OH$ 和 $CoL^1·3CH_3OH$ 在 90 ℃之前没有明显的重量损失，在温度区间为 90 ～ 980℃时，有机配体分子逐渐发生分解，3 种配合物均发生了明显的失重现象，最后生成其对应的金属氧化物 ZnO(实验值 9.95 %，计算值 9.44 %)、NiO(实验值 8.43 %，计算值 9.07 %) 以及 CoO(实验值 7.92 %，计算值 8.76 %)。

2.3.5　X– 射线单晶衍射分析

本章利用 Bruker Smart–1000 CCD 型 X– 射线单晶衍射仪分别测定 1,2– 双 (2– 甲氧基 –6– 甲酰基苯氧基) 乙烷缩 L– 色氨酸席夫碱锌、镍、钴及锰金属配合物的单晶。由于这 4 种席夫碱金属配合物都是由同一配体 1,2– 双 (2– 甲氧基 –6– 甲酰基苯氧基) 乙烷缩 L– 色氨酸合成的，因此它们在空间结构上具有相似性。下面以镍金属配合物为例，深入探讨其晶体空间结构的特点。对于其他金属配合物，本小节简要介绍其分子结构，并提供选定的晶体学数据。

1. 镍金属配合物 NiL[1]·$3CH_3OH$ 的晶体结构分析

镍金属配合物 NiL[1]·$3CH_3OH$ 的晶体学数据和结构修正参数见表 2-6。

表 2-6　镍金属配合物 NiL[1]·$3CH_3OH$ 的晶体学数据和结构修正参数

参数	数值或类别
分子式	$C_{43}H_{48}N_4O_{11}Ni$
相对分子质量	855.56
温度 / K	293(2)
波长 / Å	0.710 73
晶系	单斜晶系
空间群	P2(1)
a / Å	9.554 8(11)
b / Å	14.096 3(14)
c / Å	16.661 3(19)
α / (°)	90
β / (°)	103.830(2)
γ / (°)	90
晶胞体积 / $Å^3$	2 179.0(4)
Z	2
计算密度 / ($g \cdot cm^{-3}$)	1.304
吸收系数 / mm^{-1}	0.508
F(000)	900
晶体尺寸 / mm	0.43 × 0.35 × 0.22
θ 数据收集范围 / (°)	2.63 ～ 25.02

续表

参数	数值或类别
极限因子	$-11 \leqslant h \leqslant 11$
	$-16 \leqslant k \leqslant 16$
	$-17 \leqslant l \leqslant 19$
收集的衍射点 / 独立点	15 487/7 001 [R_{int} = 0.086 7]
完整度 (θ = 25.02°　)	0.999
最大和最小传输率	0.897 3，0.812 7
数据 / 约束 / 参数	7 001 / 1 / 538
F^2 拟合度	1.109
$R_1{}^a$ 和 $wR_2{}^b$ [$I > 2\sigma(I)$]	R_1 = 0.078 5 wR_2 = 0.146 2
R_1 和 wR_2 (全部数据)	R_1 = 0.131 8 wR_2 = 0.173 4
最大差异峰和孔洞 / (e · Å^{-3})	0.670，−0.410

注：$R = \dfrac{\sum(|F_0|-|F_C|)}{\sum|F_0|}$，$wR = \left[\dfrac{\sum w(|F_0|^2-|F_C|^2)}{\sum w(F_0^2)}\right]^{\frac{1}{2}}$。

晶体结构分析结果显示，镍金属配合物 $NiL^1 \cdot 3CH_3OH$ 的晶体结构属于单斜晶系，所属的空间群为 P2(1)。晶胞参数 a、b、c 的数值分别为 9.554 8(11)Å、14.096 3(14)Å 和 16.661 3(19)Å。晶胞角度 α 和 γ 均为 90°，β 为 103.830(2)°。晶胞体积 V 为 2 179.0(4) Å^3。镍金属配合物 $NiL^1 \cdot 3CH_3OH$ 的键长、键角以及氢键数据分别见表 2-7、表 2-8、表 2-9。

表 2-7　镍金属配合物 $NiL^1 \cdot 3CH_3OH$ 的键长数据

键	键长/ Å	键	键长/ Å
Ni1—N1	2.013 (7)	C14—C15	1.398 (15)
Ni1—N3	2.019 (7)	C15—C16	1.365 (13)
Ni1—O1	2.005 (7)	C16—H16	0.930
Ni1—O3	2.130 (6)	C16—C17	1.384 (15)
Ni1—O5	2.023 (6)	C17—H17	0.930
Ni1—O7	2.165 (6)	C17—C18	1.395 (15)
N1—C2	1.439 (12)	C18—H18	0.930
N1—C12	1.256 (11)	C19—H19a	0.960
N2—H2	0.860	C19—H19b	0.960
N2—C4	1.380 (13)	C19—H19c	0.960
N2—C7	1.379 (14)	C20—C21	1.529 (14)
N3—C21	1.464 (13)	C21—H21	0.980
N3—C31	1.268 (13)	C21—C22	1.553 (16)
N4—H4	0.860	C22—H22a	0.970
N4—C23	1.330 (15)	C22—H22b	0.970
N4—C26	1.338 (18)	C22—C24	1.496 (15)
O1—C1	1.296 (13)	C23—H23	0.930
O2—C1	1.208 (13)	C23—C24	1.394 (16)
O3—C14	1.412 (11)	C24—C25	1.389 (16)
O3—C39	1.461 (12)	C25—C26	1.452 (18)
O4—C15	1.350 (12)	C25—C30	1.424 (18)
O4—C19	1.382 (13)	C26—C27	1.390 (19)
O5—C20	1.259 (12)	C27—H27	0.930

续表

键	键长/ Å	键	键长/ Å
O6—C20	1.236 (12)	C27—C28	1.290 (2)
O7—C33	1.424 (11)	C28—H28	0.930
O7—C40	1.442 (12)	C28—C29	1.400 (2)
O8—C34	1.405 (12)	C29—H29	0.930
O8—C38	1.413 (12)	C29—C30	1.472 (19)
O9—H9a	0.820	C30—H30	0.930
O9—C41	1.310 (2)	C31—H31	0.930
O10—H10a	0.820	C31—C32	1.415 (14)
O10—C42	1.314 (19)	C32—C33	1.395 (14)
C1—C2	1.522 (14)	C32—C37	1.406 (14)
C2—H2a	0.980	C33—C34	1.375 (13)
C2—C3	1.514 (13)	C34—C35	1.351 (13)
C3—H3a	0.970	C35—H35	0.930
C3—H3b	0.970	C35—C36	1.354 (15)
C3—C5	1.511 (13)	C36—H36	0.930
C4—H4a	0.930	C36—C37	1.348 (16)
C4—C5	1.315 (13)	C37—H37	0.930
C5—C6	1.454 (15)	C38—H38a	0.960
C6—C7	1.374 (14)	C38—H38b	0.960
C6—C11	1.397 (15)	C38—H38c	0.960
C7—C8	1.392 (15)	C39—H39a	0.970
C8—H8	0.930	C39—H39b	0.970
C8—C9	1.327 (15)	C39—C40	1.51[illegible] (13)

续表

键	键长/ Å	键	键长/ Å
C9—H9	0.930	C40—H40a	0.970
C9—C10	1.432 (15)	C40—H40b	0.970
C10—H10	0.930	C41—H41a	0.960
C10—C11	1.351 (15)	C41—H41b	0.960
C11—H11	0.930	C41—H41c	0.960
C12—H12	0.930	C42—H42a	0.960
C12—C13	1.467 (14)	C42—H42b	0.960
C13—C14	1.373 (14)	C42—H42c	0.960
C13—C18	1.375 (12)	—	—

表 2-8　镍金属配合物 $NiL^1 \cdot 3CH_3OH$ 的键角数据

键角	度数/(°)	键角	度数/(°)
N3—Ni1—N1	177.2 (4)	H18—C18—C17	120.4 (6)
O1—Ni1—N1	81.5 (3)	H19a—C19—O4	109.5
O1—Ni1—N3	97.3 (3)	H19b—C19—O4	109.5
O3—Ni1—N1	84.2 (3)	H19b—C19—H19a	109.5
O3—Ni1—N3	97.5 (3)	H19c—C19—O4	109.5
O3—Ni1—O1	161.7 (2)	H19c—C19—H19a	109.5
O5—Ni1—N1	95.4 (3)	H19c—C19—H19b	109.5
O5—Ni1—N3	82.3 (3)	O6—C20—O5	124.7 (10)
O5—Ni1—O1	97.5 (3)	C21—C20—O5	118.2 (9)
O5—Ni1—O3	95.1 (3)	C21—C20—O6	117.1 (9)
O7—Ni1—N1	97.8 (3)	C20—C21—N3	110.0 (8)
O7—Ni1—N3	84.9 (3)	H21—C21—N3	109.2 (5)

续表

键角	度数/(°)	键角	度数/(°)
O7—Ni1—O1	93.3 (3)	H21—C21—C20	109.2 (6)
O7—Ni1—O3	77.5 (3)	C22—C21—N3	109.7 (9)
O7—Ni1—O5	164.2 (3)	C22—C21—C20	109.3 (9)
C2—N1—Ni1	112.5 (6)	C22—C21—H21	109.2 (6)
C12—N1—Ni1	125.8 (7)	H22a—C22—C21	109.3 (6)
C12—N1—C2	120.3 (8)	H22b—C22—C21	109.3 (6)
C4—N2—H2	126.8 (6)	H22b—C22—H22a	107.9
C7—N2—H2	126.8 (6)	C24—C22—C21	111.8 (10)
C7—N2—C4	106.4 (9)	C24—C22—H22a	109.3 (7)
C21—N3—Ni1	111.3 (6)	C24—C22—H22b	109.3 (6)
C31—N3—Ni1	126.8 (8)	H23—C23—N4	124.2 (9)
C31—N3—C21	121.3 (8)	C24—C23—N4	111.6 (12)
C23—N4—H4	124.8 (9)	C24—C23—H23	124.2 (7)
C26—N4—H4	124.8 (8)	C23—C24—C22	126.2 (11)
C26—N4—C23	110.3 (12)	C25—C24—C22	129.7 (13)
C1—O1—Ni1	116.5 (7)	C25—C24—C23	103.9 (11)
C14—O3—Ni1	116.7 (6)	C26—C25—C24	108.7 (13)
C39—O3—Ni1	110.5 (6)	C30—C25—C24	131.4 (12)
C39—O3—C14	110.7 (6)	C30—C25—C26	119.9 (12)
C19—O4—C15	121.1 (9)	C25—C26—N4	105.4 (12)
C20—O5—Ni1	115.4 (6)	C27—C26—N4	134.5 (15)
C33—O7—Ni1	117.2 (6)	C27—C26—C25	120.0 (16)
C40—O7—Ni1	110.3 (5)	H27—C27—C26	120.3 (11)

续表

键角	度数/(°)	键角	度数/(°)
C40—O7—C33	112.4 (7)	C28—C27—C26	119.4 (16)
C38—O8—C34	117.7 (9)	C28—C27—H27	120.3 (10)
C41—O9—H9a	109.5	H28—C28—C27	116.7 (10)
C42—O10—H10a	109.5	C29—C28—C27	126.5 (17)
O2—C1—O1	123.5 (10)	C29—C28—H28	116.7 (11)
C2—C1—O1	115.4 (10)	H29—C29—C28	121.4 (11)
C2—C1—O2	121.1 (10)	C30—C29—C28	117.3 (16)
C1—C2—N1	110.4 (8)	C30—C29—H29	121.4 (10)
H2a—C2—N1	110.0 (5)	C29—C30—C25	116.8 (14)
H2a—C2—C1	110.0 (6)	H30—C30—C25	121.6 (8)
C3—C2—N1	110.1 (8)	H30—C30—C29	121.6 (10)
C3—C2—C1	106.1 (8)	H31—C31—N3	116.9 (6)
C3—C2—H2a	110.0 (5)	C32—C31—N3	126.2 (10)
H3a—C3—C2	108.8 (6)	C32—C31—H31	116.9 (6)
H3b—C3—C2	108.8 (6)	C33—C32—C31	125.5 (9)
H3b—C3—H3a	107.7(1)	C37—C32—C31	120.3 (10)
C5—C3—C2	113.9 (8)	C37—C32—C33	114.1 (9)
C5—C3—H3a	108.8 (6)	C32—C33—O7	120.2 (8)
C5—C3—H3b	108.8 (6)	C34—C33—O7	117.7 (9)
H4a—C4—N2	123.4 (6)	C34—C33—C32	122.0 (9)
C5—C4—N2	113.2 (10)	C33—C34—O8	114.8 (8)
C5—C4—H4a	123.4 (7)	C35—C34—O8	123.9 (9)
C4—C5—C3	129.3 (11)	C35—C34—C33	121.3 (10)

续表

键角	度数/(°)	键角	度数/(°)
C6—C5—C3	125.0 (9)	H35—C35—C34	120.8 (6)
C6—C5—C4	104.4 (9)	C36—C35—C34	118.3 (10)
C7—C6—C5	108.1 (9)	C36—C35—H35	120.8 (6)
C11—C6—C5	134.4 (10)	H36—C36—C35	119.2 (6)
C11—C6—C7	117.6 (11)	C37—C36—C35	121.6 (10)
C6—C7—N2	107.9 (9)	C37—C36—H36	119.2 (7)
C8—C7—N2	129.1 (10)	C36—C37—C32	122.6 (11)
C8—C7—C6	122.9 (11)	H37—C37—C32	118.7 (6)
H8—C8—C7	120.8 (7)	H37—C37—C36	118.7 (7)
C9—C8—C7	118.4 (11)	H38a—C38—O8	109.5
C9—C8—H8	120.8 (7)	H38b—C38—O8	109.5
H9—C9—C8	119.6 (7)	H38b—C38—H38a	109.5
C10—C9—C8	120.9 (12)	H38c—C38—O8	109.5
C10—C9—H9	119.6 (7)	H38c—C38—H38a	109.5
H10—C10—C9	120.3 (8)	H38c—C38—H38b	109.5
C11—C10—C9	119.4 (12)	H39a—C39—O3	110.8 (5)
C11—C10—H10	120.3 (7)	H39b—C39—O3	110.8 (5)
C10—C11—C6	120.7 (11)	H39b—C39—H39a	108.9
H11—C11—C6	119.6 (7)	C40—C39—O3	104.7 (7)
H11—C11—C10	119.6 (7)	C40—C39—H39a	110.8 (6)
H12—C12—N1	117.1 (6)	C40—C39—H39b	110.8 (6)
C13—C12—N1	125.9 (9)	C39—C40—O7	106.8 (8)
C13—C12—H12	117.1 (5)	H40a—C40—O7	110.4 (5)

续表

键角	度数/(°)	键角	度数/(°)
C14—C13—C12	123.0 (8)	H40a—C40—C39	110.4 (6)
C18—C13—C12	117.8 (9)	H40b—C40—O7	110.4 (4)
C18—C13—C14	119.2 (9)	H40b—C40—C39	110.4 (5)
C13—C14—O3	122.1 (9)	H40b—C40—H40a	108.6
C15—C14—O3	116.2 (9)	H41a—C41—O9	109.5
C15—C14—C13	121.7 (9)	H41b—C41—O9	109.5
C14—C15—O4	116.9 (9)	H41b—C41—H41a	109.5
C16—C15—O4	123.9 (10)	H41c—C41—O9	109.5
C16—C15—C14	119.2 (10)	H41c—C41—H41a	109.5
H16—C16—C15	120.3 (7)	H41c—C41—H41b	109.5
C17—C16—C15	119.4 (10)	H42a—C42—O10	109.5
C17—C16—H16	120.3 (6)	H42b—C42—O10	109.5
H17—C17—C16	119.4 (6)	H42b—C42—H42a	109.5
C18—C17—C16	121.3 (9)	H42c—C42—O10	109.5
C18—C17—H17	119.4 (6)	H42c—C42—H42a	109.5
C17—C18—C13	119.2 (10)	H42c—C42—H42b	109.5
H18—C18—C13	120.4 (6)	—	—

表 2-9　镍金属配合物 $NiL^1 \cdot 3CH_3OH$ 的分子间氢键数据

氢键类型 (D—H⋯A)	键长			键角 / (°)	对称准则
	d(D—H) /Å	d(H⋯A)/Å	d(D⋯A) /Å		
N2—H2⋯O9	0.860	2.174	2.957	151.30	$x,\ y,\ -z+1$
N4—H4⋯O6	0.860	2.079	2.926	167.90	$-x+1, y+\frac{1}{2}, -z+1$

续表

氢键类型 (D—H···A)	键长			键角 / (°)	对称准则
	d(D—H) /Å	d(H···A)/Å	d(D···A) /Å		
O9—H9···O6	0.820	1.943	2.761	174.98	$-x+1, y+\frac{1}{2}, -z+1$
O10—H10···O2	0.820	2.067	2.873	167.55	$-x,\ y+\frac{1}{2},\ -z+2$
O11—H11···O1	0.820	2.006	2.822	173.10	$-x,\ y+\frac{1}{2},\ -z+1$

注：D 为配体，A 为受体。

镍金属配合物 NiL[1]·$3CH_3OH$ 的分子结构如图 2-10 所示。晶体解析数据表明，每一个镍离子与 1,2- 双 (2- 甲氧基 -6- 甲酰基苯氧基) 乙烷缩 L- 色氨酸单分子配体 (L[1]) 形成配合，并通过配体的两个醚氧、两个羧氧以及席夫碱结构的 >C═N— 上的两个氮原子与之配位，构成 2N + 4O 的六齿中性扭曲的八面体结构，如图 2-11 所示。在这个八面体结构中，两个醚氧 (O3 及 O7) 与两个羧氧 (O1 及 O5) 共 4 个原子处于赤道平面上，而两个氮原子 (N1 和 N3) 分别占据两个极点。O1—Ni1—O3 (161.7°) 及 O5—Ni1—O7(164.2°) 的键角均小于 180°，而 N1—Ni1—O1(81.5°)、N1—Ni1—O3(84.2°)、N1—Ni1—O5(95.4°) 及 N1—Ni1—O7(97.8°) 的键角均不等于 90°，这表明该配合物的配位模式为扭曲八面体。C12—N1 与 C31—N3 的键长分别为 1.256 Å 及 1.268 Å，这与文献 [81] 中报道的 C═N 的键长 1.313 Å 较为接近，这表明了此配合物中亚氨基结构的形成。与镍离子与醚基的氧原子 O3(2.130 Å) 及 O7(2.165 Å) 的键长相比，镍离子与席夫碱羧基的氧原子 O1(2.005 Å) 和 O5(2.023 Å) 的键长较短，这表明席夫碱羧基中的氧原子 O1 和 O5 对镍离子的配位作用优于醚基中的氧原子 O3 和 O7。

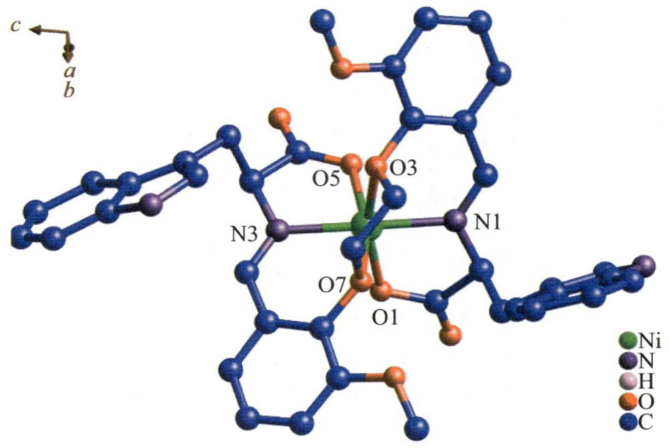

图 2-10　镍金属配合物 $NiL^1 \cdot 3CH_3OH$ 的分子结构
（所有的氢原子及游离甲醇分子均已略去）

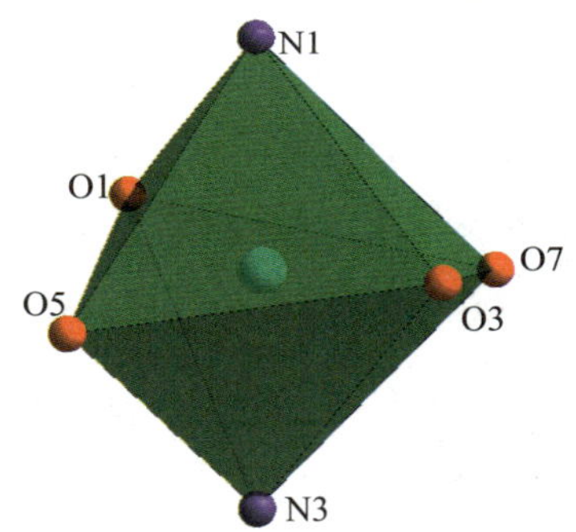

图 2-11　镍金属配合物 $NiL^1 \cdot 3CH_3OH$ 的扭曲八面体配位结构

该金属配合物通过 N4—H4…O6、N2—H2…O9 及 O9—H9…O6 分子间的氢键作用形成一维链状结构，如图 2-12 所示。相邻的链之间通过上述 3 种氢键作用最终形成二维面状结构，如图 2-13 所示。相邻的二维面与面之间通过 π-π 堆积作用形成三维网状结构，如图 2-14 所示。

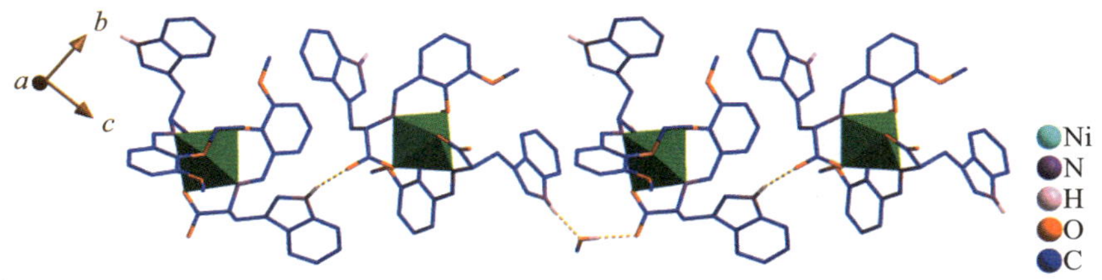

图 2-12　通过氢键形成的镍金属配合物 $NiL^1 \cdot 3CH_3OH$ 的一维链状结构

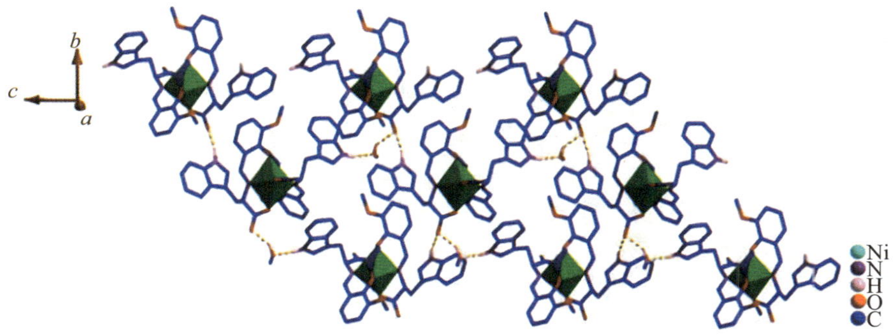

图 2-13　通过各种相互作用形成的镍金属配合物 $NiL^1 \cdot 3CH_3OH$ 的二维面状结构

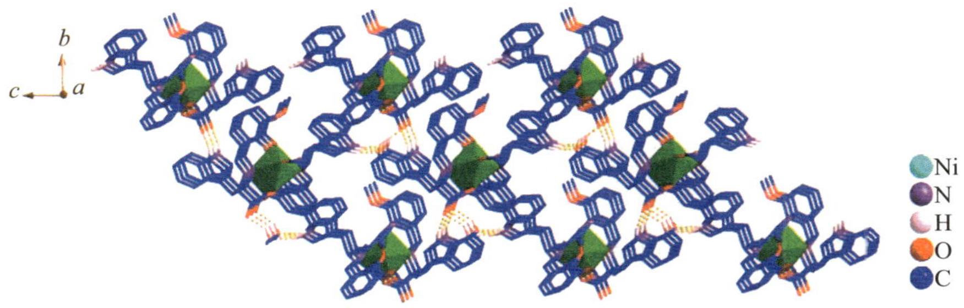

图 2-14　通过各种相互作用形成的镍金属配合物 $NiL^1 \cdot 3CH_3OH$ 的三维网状结构

2. $ZnL^1 \cdot 3CH_3OH$、$CoL^1 \cdot 3CH_3OH$ 及 $MnL^1 \cdot 3CH_3OH$ 的晶体结构分析

1,2-双(2-甲氧基-6-甲酰基苯氧基)乙烷缩L-色氨酸席夫碱的锌、钴及锰金属配合物($ZnL^1 \cdot 3CH_3OH$、$CoL^1 \cdot 3CH_3OH$ 及 $MnL^1 \cdot 3CH_3OH$)

的关键晶体学数据见表 2-10，图 2-15 至图 2-17 为这些配合物的分子结构及二维面状结构。晶体分析数据显示，这些配合物与镍金属配合物 $NiL^1 \cdot 3CH_3OH$ 的晶体学特性相似，均属于单斜晶系，具有 P2(1) 空间群。金属离子都与 1,2- 双 (2- 甲氧基 -6- 甲酰基苯氧基) 乙烷缩 L- 色氨酸单分子配体形成配合，并通过配体的两个醚氧、两个羧氧以及席夫碱结构的 $\rangle$C═N— 上的两个氮原子与之配位，构成 2N + 4O 的六齿中性扭曲的八面体结构。3 种金属配合物羧基上的两个氧原子与金属离子的配位能力同样强于醚基上的两个氧原子的配位能力。分子之间通过 N—H⋯O 和 O—H⋯O 的分子间氢键连接形成二维层状结构，相邻的层之间通过 π－π 堆积作用形成对应的三维网状结构。

表 2-10　锌、钴及锰金属配合物 ($ZnL^1 \cdot 3CH_3OH$、$CoL^1 \cdot 3CH_3OH$ 及 $MnL^1 \cdot 3CH_3OH$) 的晶体学数据和结构修正参数

参数	数值或类别		
分子式	$C_{43}H_{48}N_4O_{11}Zn$	$C_{43}H_{48}N_4O_{11}Co$	$C_{43}H_{48}N_4O_{11}Mn$
相对分子质量	862.22	855.78	851.79
温度 / K	293(2)	293(2)	293(2)
波长 / Å	0.710 73	1.541 78	1.541 78
晶系	单斜晶系	单斜晶系	单斜晶系
空间群	P2(1)	P2(1)	P2(1)
a / Å	9.542 4(8)	9.564 5(7)	9.538 3(11)
b / Å	14.086 3(14)	14.093 9(9)	14.140 8(13)
c / Å	16.712 5(17)	16.802 9(13)	7.076 7(18)
α / (°)	90	90	90
β / (°)	104.091(2)	104.010(2)	104.393(3)
γ / (°)	90	90	90
晶胞体积 / $Å^3$	2 178.9(4)	2 197.7(3)	2 231.0(4)

续表

参数	数值或类别		
Z	2	2	2
计算密度 /(g · cm^{-3})	1.314	1.293	1.268
吸收系数 / mm^{-1}	0.626	3.580	2.916
F(000)	904	898	894
晶体尺寸 / mm	0.42 × 0.21 × 0.13	0.43 × 0.21 × 0.17	0.21 × 0.17 × 0.15
θ 数据收集范围 / (°)	2.63 ～ 25.02	2.71 ～ 66.18	4.87 ～ 66.20
极限因子	$-11 \leqslant h \leqslant 11$	$-11 \leqslant h \leqslant 11$	$-11 \leqslant h \leqslant 9$
	$-15 \leqslant k \leqslant 15$	$-16 \leqslant k \leqslant 11$	$-14 \leqslant k \leqslant 16$
	$-19 \leqslant l \leqslant 17$	$-19 \leqslant k \leqslant 19$	$-20 \leqslant l \leqslant 20$
收集的衍射点 / 独立点	14 883/7 355 [R_{int} = 0.123 3]	7 443/5 308 [R_{int} = 0.076 2]	6 524/5 186 [R_{int} = 0.309 6]
完整度 (θ=25.02°)	0.999	0.998	0.963
最大和最小传输率	0.923 0，0.779 0	0.581 3，0.308 2	0.668 8，0.579 5
数据 / 约束 / 参数	7 355 / 1 / 538	5 308 / 1 / 538	5 186 / 1 / 537
F^2 拟合度	1.049	1.075	0.704
R_1 和 wR_2 [I > 2σ(I)]	R_1 = 0.081 2 wR_2 = 0.142 9	R_1 = 0.105 5 wR_2 = 0.226 3	R_1 = 0.125 7 wR_2 = 0.202 8
R_1 和 wR_2 (全部数据)	R_1 = 0.153 5 wR_2 = 0.174 7	R_1 = 0.179 2 wR_2 = 0.288 9	R_1 = 0.513 9 wR_2 = 0.440 1
最大差异峰和孔洞 / (e · Å^{-3})	0.787，−0.421	0.885，−0.850	0.231，−0.186

注：$R=\dfrac{\sum(|F_0|-|F_C|)}{\sum|F_0|}$，$wR=\left[\dfrac{\sum w(|F_0|^2-|F_C|^2)}{\sum w(F_0^2)}\right]^{\frac{1}{2}}$。

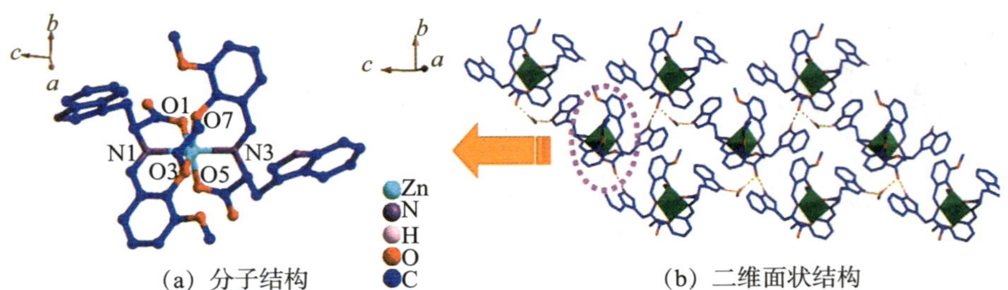

(a) 分子结构　　(b) 二维面状结构

图 2-15　锌金属配合物 $ZnL^1 \cdot 3CH_3OH$ 的分子结构及二维面状结构（所有非氢键参与的氢原子和游离的甲醇分子均未显示）

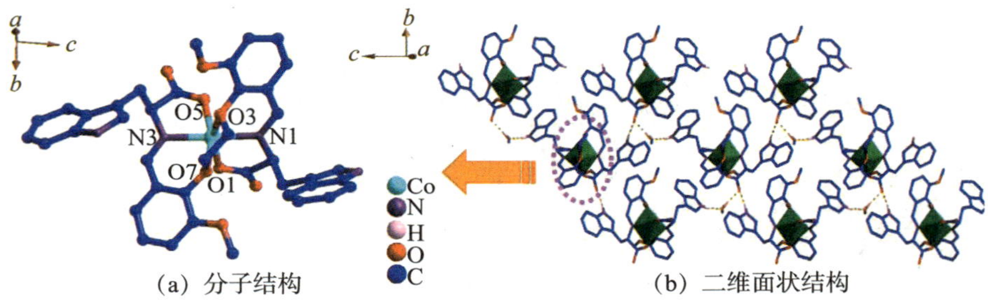

(a) 分子结构　　(b) 二维面状结构

图 2-16　钴金属配合物 $CoL^1 \cdot 3CH_3OH$ 的分子结构及二维面状结构（所有非氢键参与的氢原子和游离的甲醇分子均未显示）

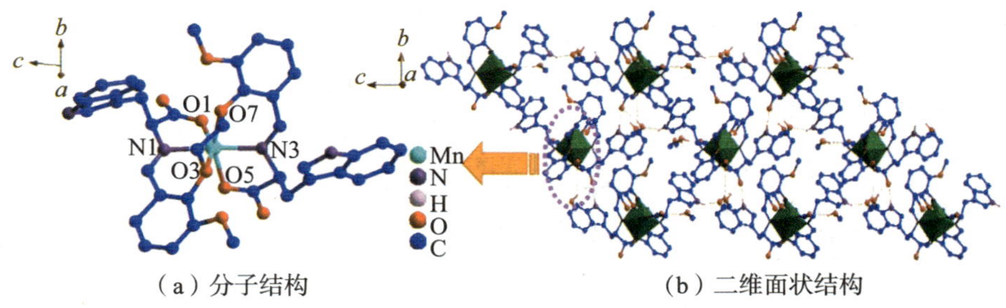

(a) 分子结构　　(b) 二维面状结构

图 2-17　锰金属配合物 $MnL^1 \cdot 3CH_3OH$ 的分子结构及二维面状结构（所有非氢键参与的氢原子和游离的甲醇分子均未显示）

2.3.6　配合物的化学结构

综合以上分析，推测的配合物的化学结构如图 2-18 所示。

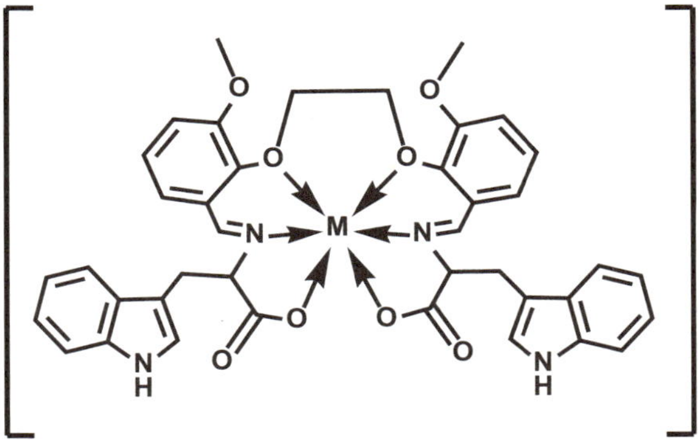

图 2-18　推测的配合物的化学结构 [(M)= Zn(II)、Ni(II)、Co(II)、Mn(II)、Cu(II)、Cd(II)]

2.4 小　结

本章以 1,2- 双 (2- 甲氧基 -6- 甲酰基苯氧基) 乙烷和 L- 色氨酸为原料，合成了对称双氨基酸席夫碱配体 (K_2L^1) 及其相关的一系列金属配合物，还成功制得锌、镍、钴、锰金属配合物的分子晶体。

本章采用多种分析测试技术对配体及其相应的金属配合物进行了全面表征。金属配合物的组成为 $M(C_{40}H_{36}N_4O_8) \cdot 3CH_3OH$ [M = Zn(Ⅱ)、Ni(Ⅱ)、Co(Ⅱ)、Mn(Ⅱ)、Cu(Ⅱ)、Cd(Ⅱ)]。每种金属离子都与 1,2- 双 (2- 甲氧基 -6- 甲酰基苯氧基) 乙烷缩 L- 色氨酸单分子配体形成配合，并通过配体的两个醚氧、两个羧氧以及席夫碱结构的 >C═N— 上的两个氮原子与之配位，构成了 2N + 4O 的六齿中性扭曲的八面体结构。分子之间通过 N—H⋯O 和 O—H⋯O 的分子间氢键连接形成二维层状结构，相邻的层之间通过 π - π 堆积作用形成对应的三维网状结构。

第 3 章

1,2- 双 (2- 甲氧基 -6- 甲酰基苯氧基) 乙烷缩 L- 甲硫氨酸席夫碱配合物的合成与表征

3.1 引　言

L- 甲硫氨酸与 L- 色氨酸一样，也是人体必需的氨基酸之一。由于人体无法自行合成 L- 甲硫氨酸，因此若人体内缺乏该氨基酸，将阻碍蛋白质的合成，对机体造成不利影响。目前，关于 L- 甲硫氨酸所形成的金属配合物的研究主要集中在两方面：一是将甲硫氨酸作为螯合配体直接与金属离子反应形成的配合物及其性质研究，二是单分子的 L- 甲硫氨酸和醛类化合物缩合反应所形成的金属配合物的合成、表征及生物活性研究。关于利用两分子的 L- 甲硫氨酸与二醛类化合物所形成的新型对称双氨基酸类席夫碱及其金属配合物的研究报道较少。

本章首先选取 1,2- 双 (2- 甲氧基 -6- 甲酰基苯氧基) 乙烷为先导化合物，使其与两分子的 L- 甲硫氨酸缩合反应得到席夫碱配体；其次分别与过渡金属的羧酸盐 [Zn(Ⅱ)、Ni(Ⅱ)、Co(Ⅱ)、Mn(Ⅱ)、Cu(Ⅱ)、

Cd(Ⅱ)]进行配位反应，得到一系列相应的金属配合物粉末并制得锌、镍、钴3种金属配合物的晶体；最后采用红外光谱分析和X-射线单晶衍射分析等多种测试技术对配体及其金属配合物进行全面表征，并据此推测其可能的化学结构和组成。配合物的组成为 $Zn(C_{40}H_{36}N_4O_8)\cdot CH_3OH$，$M(C_{40}H_{36}N_4O_8)\cdot H_2O$ [M = Ni(Ⅱ)、Co(Ⅱ)、Mn(Ⅱ)、Cu(Ⅱ)、Cd(Ⅱ)]，每种金属离子都与1,2-双(2-甲氧基-6-甲酰基苯氧基)乙烷缩L-甲硫氨酸单分子配体形成配合，并通过配体的两个醚氧、两个羧氧及席夫碱结构的 >C=N— 上的两个氮原子与之配位，构成了2N + 4O的六齿中性扭曲的八面体结构。

3.2 实　验

3.2.1 化学试剂

实验所用化学试剂见表3-1。

表3-1　化学试剂

名称	纯度	试剂品牌
邻香草醛	AR	安耐吉化学试剂
L-甲硫氨酸	BR	安耐吉化学试剂
$Zn(CH_3COO)_2\cdot 2H_2O$	AR	安耐吉化学试剂
$Ni(CH_3COO)_2\cdot 4H_2O$	AR	安耐吉化学试剂
$Co(CH_3COO)_2\cdot 4H_2O$	AR	安耐吉化学试剂
$Mn(CH_3COO)_2\cdot 4H_2O$	AR	安耐吉化学试剂
$Cu(CH_3COO)_2\cdot H_2O$	AR	安耐吉化学试剂
$Cd(CH_3COO)_2\cdot 2H_2O$	AR	安耐吉化学试剂
KOH	AR	安耐吉化学试剂

续表

名称	纯度	试剂品牌
KBr	SP	安耐吉化学试剂
无水甲醇	AR	安耐吉化学试剂

3.2.2 实验仪器

实验所用主要仪器见表 3-2。

表 3-2 实验仪器

仪器	型号
元素分析仪	Perkin Elmer 2400 型元素分析仪
红外光谱仪	Nicolet 170SX 红外光谱仪
紫外 - 可见分光光度计	Shimadzu UV 2550 双光束紫外 - 可见光分光光度计
X- 射线单晶衍射仪	Bruker Smart-1000 CCD 型 X- 射线单晶衍射仪

3.2.3 1,2- 双 (2- 甲氧基 -6- 甲酰基苯氧基) 乙烷缩 L- 甲硫氨酸席夫碱配合物的合成

称取 0.149 g (1 mmol) L- 甲硫氨酸和 0.056 g (1 mmol) 氢氧化钾于 100 mL 圆底烧瓶中，加入 30 mL 无水甲醇，搅拌均匀使其溶解。待反应体系呈无色透明溶液后，将含有 0.165 g (0.5 mmol) 1,2- 双 (2- 甲氧基 -6- 甲酰基苯氧基) 乙烷溶解于 20 mL 的无水甲醇中，然后将这一溶液缓慢地滴加至一个圆底烧瓶内，加热到 50 ℃并反应 5 h，得到配体 [$K_2(C_{28}H_{34}N_2O_8S_2)$、$K_2L^2$] 的亮黄色透明溶液。反应方程式为

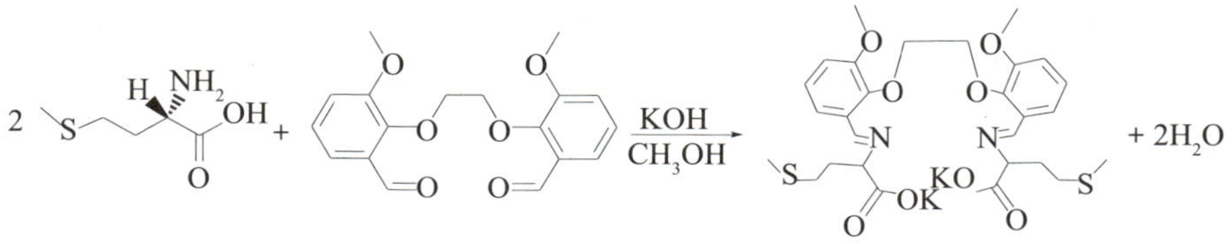

将 0.5 mmol 的 $Zn(CH_3COO)_2 \cdot 2H_2O$ (0.110 g)、$Ni(CH_3COO)_2 \cdot 4H_2O$ (0.124 g)、$Co(CH_3COO)_2 \cdot 4H_2O$ (0.125 g)、$Mn(CH_3COO)_2 \cdot 4H_2O$ (0.122 g)、$Cu(CH_3COO)_2 \cdot H_2O$ (0.100 g)、$Cd(CH_3COO)_2 \cdot 2H_2O$(0.133 g) 溶于 15 mL 无水甲醇中，缓慢地将金属盐溶液滴加到席夫碱配体溶液中，保持恒温 50 ℃，磁力搅拌加热回流 5 h，冷却至室温，过滤，利用液液扩散法，保持大约经过 4 d 时间分别得到黄色的锌配合物晶体、绿色的镍配合物晶体及红色的钴配合物晶体。

3.3 结果与讨论

3.3.1 元素分析

本章使用 Perkin Elmer 2400 型元素分析仪对合成的配体及其相关金属配合物中的碳、氢、氮、硫元素的百分比进行了精确测定，结果见表 3-3。经过数据对比分析发现，实际测得的各元素百分比与理论预测值相当吻合。

表 3-3 配合物的元素分析数据

单位：%

配体及配合物	C	H	N	S
$K_2(C_{28}H_{34}N_2O_8S_2)$	50.34 (50.28)	5.23 (5.12)	4.08 (4.19)	9.43 (9.58)
$ZnL^2 \cdot CH_3OH$	59.80 (50.61)	5.68 (5.57)	3.76 (4.07)	9.21 (9.32)
$NiL^2 \cdot H_2O$	61.82 (61.68)	4.4.78 (4.66)	7.01 (7.19)	9.52 (9.61)
$CoL^2 \cdot H_2O$	50.42 (50.37)	5.55 (5.43)	4.02 (4.20)	9.45 (9.61)

续表

配体及配合物	C	H	N	S
$MnL^2 \cdot H_2O$	50.78 (50.67)	5.52 (5.47)	4.13 (4.22)	9.54 (9.66)
$CuL^2 \cdot H_2O$	50.22 (50.02)	5.52 (5.40)	4.02 (4.17)	9.42 (9.54)
$CdL^2 \cdot H_2O$	46.80 (46.63)	5.22 (5.03)	3.66 (3.88)	8.78 (8.90)

注：括号内为理论值。

3.3.2 红外光谱分析

本章采用 Nicolet 170SX 红外光谱仪，并运用溴化钾压片技术，在 400 ~ 4 000 cm^{-1} 的波数区间内对合成的配体及其金属配合物进行了细致的扫描分析。所得的红外光谱图如图 3-1 至图 3-7 所示，关键的吸收峰数据见表 3-4。

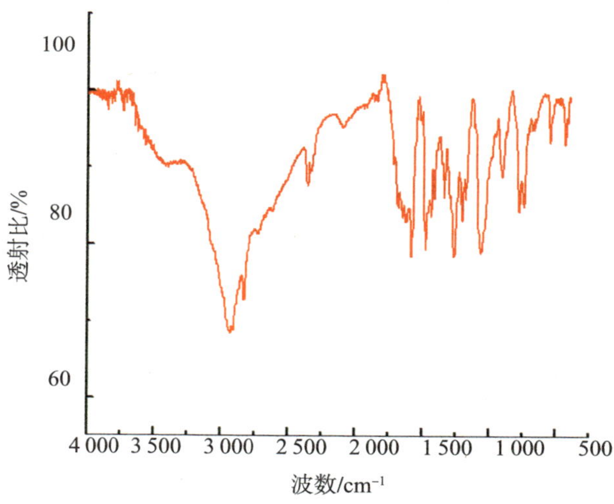

图 3-1 K_2L^2 的红外光谱

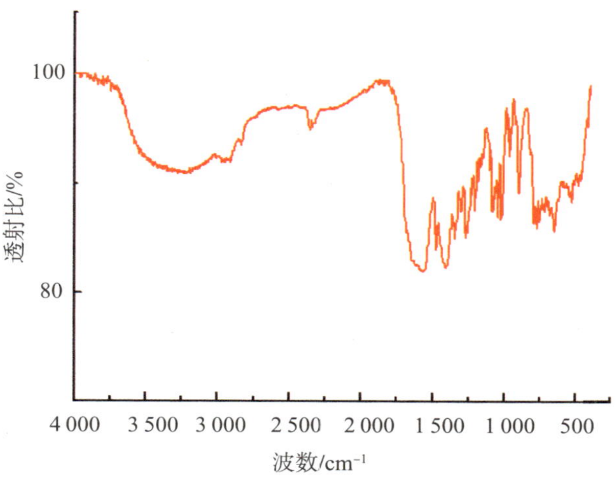

图 3-2 $ZnL^2 \cdot CH_3OH$ 的红外光谱

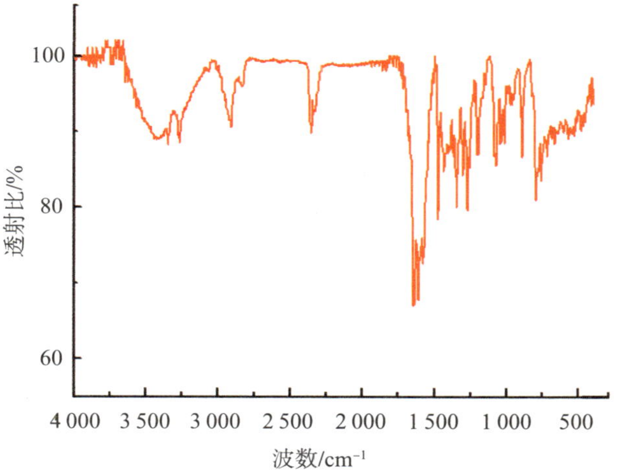

图 3-3 $NiL^2 \cdot H_2O$ 的红外光谱

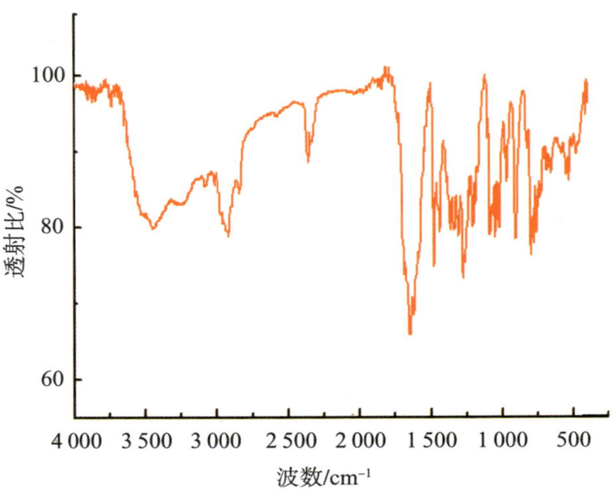

图 3-4　$CoL^1 \cdot H_2O$ 的红外光谱

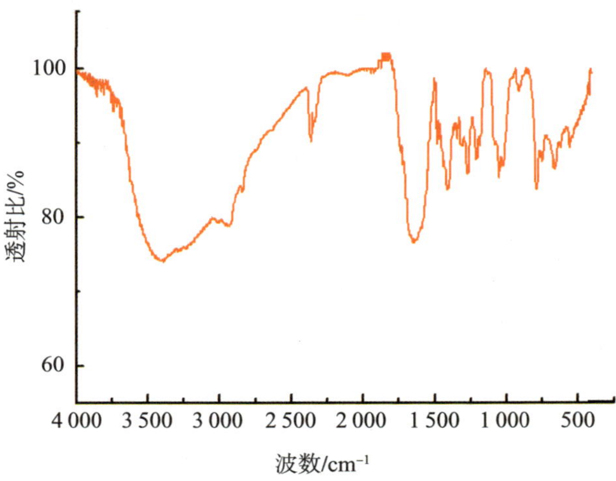

图 3-5　$MnL^2 \cdot H_2O$ 的红外光谱

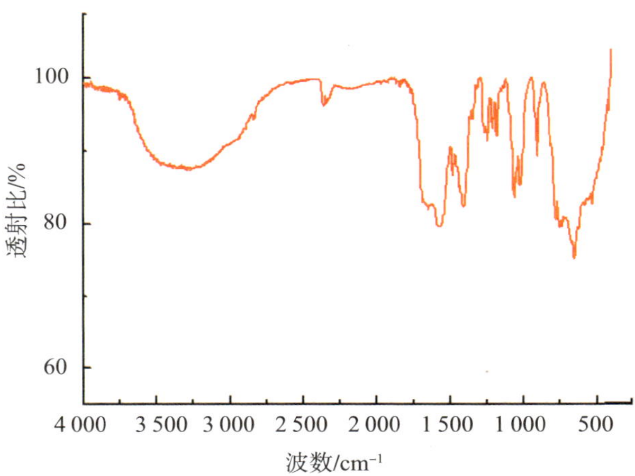

图 3-6　$CuL^2 \cdot H_2O$ 的红外光谱

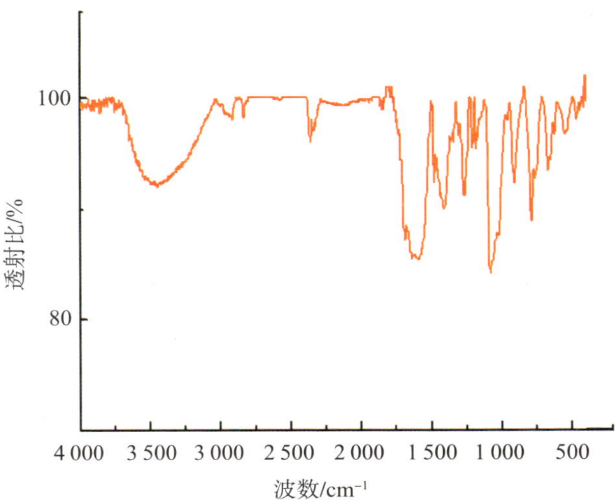

图 3-7　$CdL^2 \cdot H_2O$ 的红外光谱

表 3-4 配体及配合物的主要红外光谱数据

单位：cm^{-1}

配体及配合物	$v_{C=N}$	$v_{as(coo-)}$	$v_{s(coo-)}$	v_{AR-O}	v_{M-N}	v_{M-O}
K_2L^2	1 651	1 581	1 342	1 267	—	—
$ZnL^2 \cdot CH_3OH$	1 648	1 566	1 354	1 209	533	471
$NiL^2 \cdot H_2O$	1 644	1 576	1 349	1 205	535	487
$CoL^2 \cdot H_2O$	1 645	1 610	1 357	1 210	532	482
$MnL^2 \cdot H_2O$	1 646	1 584	1 342	1 207	534	478
$CuL^2 \cdot H_2O$	1 649	1 564	1 344	1 208	529	472
$CdL^2 \cdot H_2O$	1 636	1 590	1 302	1 211	547	462

在配合物的红外光谱中，在 1 636 ～ 1 649 cm^{-1} 区间内观察到一个显著的吸收峰，这一峰表示了亚胺基（—O═N—）的特征吸收。此外，在 529 ～ 547 cm^{-1} 区间内也存在一个较小的吸收峰，此峰可视为金属与亚胺基氮原子之间振动的指示，反映了氮原子与金属离子之间配位键的形成。

在 1 564 ～ 1 610 cm^{-1} 的波段内，羧基的 $\upsilon_{as(coo-)}$ 显著，对称伸缩振动 $\upsilon_{s(coo-)}$ 则出现在 1 302 ～ 1 357 cm^{-1} 的区间内，$\upsilon_{as(coo-)}$ 与 $\upsilon_{s(coo-)}$ 的频率差超过了 160 cm^{-1}，这种现象通常能够反映羧基氧原子通过单齿方式与中心金属离子配位的情形。

配体在 1 267 cm^{-1} 处出现强吸收峰，归属为芳香醚基上碳氧键的伸缩振动峰，配合物在 1 205 ～ 1 211 cm^{-1} 区间内出现了类似的吸收峰，表明芳香醚基上的氧原子与金属离子发生了配位作用。

在配合物的红外谱图中，在 462 ～ 487 cm^{-1} 区间内出现了伸缩振动峰，表明金属离子与氧原子之间存在配位作用。

3.3.3 紫外光谱分析

在常温下，本章将配体 K_2L^2 及其相应金属配合物溶解于无水甲醇中，并利用 Shimadzu UV 2550 双光束紫外 - 可见光分光光度计对其进行紫外光谱分析，得到的光谱如图 3-8 所示，紫外吸收峰的数据见表 3-5。

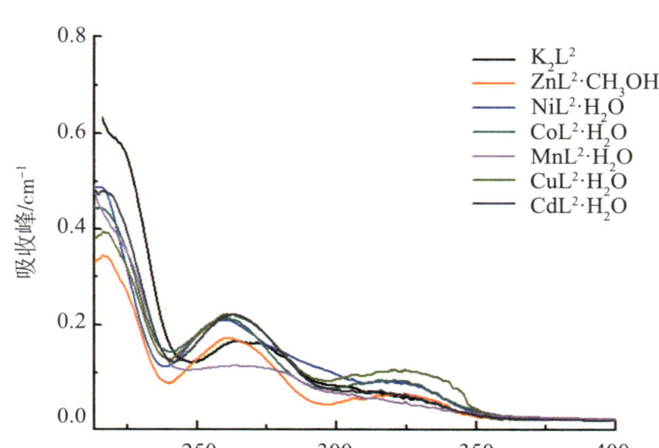

图 3-8　配体 (K_2L^2) 及其金属配合物 ($ZnL^2·CH_3OH$、$NiL^2·H_2O$、$CoL^2·H_2O$、$MnL^2·H_2O$、$CuL^2·H_2O$、$CdL^2·H_2O$) 的紫外光谱图

表 3-5　配体及配合物的主要紫外光谱数据分析

配体及配合物	第一谱带λ_{max1}/nm	第二谱带λ_{max2}/nm
K_2L^2	220	259
$ZnL^2·CH_3OH$	221	261
$NiL^2·H_2O$	220	261
$CoL^2·H_2O$	221	262
$MnL^2·H_2O$	220	263
$CuL^2·H_2O$	222	264
$CdL^2·H_2O$	220	263

由图 3-8 和表 3-5 中的数据可知，1,2- 双 (2- 甲氧基 -6- 甲酰基苯氧基) 乙烷缩 L- 甲硫氨酸席夫碱配体 (K_2L^2) 存在两个较强的吸收峰，其中一个最大吸收峰位于 220 nm 处，这主要是由苯环的 π－π* 电子跃迁引起的；而在 259 nm 的位置上，存在另一个强烈的吸收峰，这可以归

因于亚胺基上氮原子的孤电子对进行的 n−π 电子跃迁。本章在比较配体与其形成的配合物的光谱数据时发现，配合物的主要紫外吸收峰相较于配体发生了一定程度的变化。这表明在形成配合物后，体系的电子离域程度提高，使 n−π* 能级跃迁所需的能量降低。

3.3.4 X- 射线单晶衍射分析

本章利用 Bruker Smart-1000 CCD 型 X- 射线单晶衍射仪分别测定 1,2- 双 (2- 甲氧基 -6- 甲酰基苯氧基) 乙烷缩 L- 甲硫氨酸席夫碱锌、镍及钴金属配合物的单晶。由于这 3 种席夫碱金属配合物都是由同一配体 1,2- 双 (2- 甲氧基 -6- 甲酰基苯氧基) 乙烷缩 L- 甲硫氨酸合成的，因此它们在空间结构上具有相似性。下面以镍金属配合物为例，深入探讨其晶体空间结构的特点。对于其他金属配合物，本小节简要介绍其分子结构，并提供选定的晶体学数据。

1. 镍金属配合物 $NiL^2 \cdot H_2O$ 的晶体结构分析

镍金属配合物 $NiL^2 \cdot H_2O$ 的晶体学数据和结构修正参数见表 3-6。

表 3-6　镍金属配合物 $NiL^2 \cdot H_2O$ 的晶体学数据和结构修正参数

参数	数值或类别
分子式	$C_{28}H_{36}N_2NiO_9S_2$
相对分子质量	667.42
温度 /K	293(2)
波长 /Å	0.710 73
晶系	三斜晶系
空间群	P-1
a / Å	11.394 1(13)
b / Å	11.821 3(13)
c / Å	12.847 7(14)

续表

参数	数值或类别
α / (°)	101.609(2)
β / (°)	103.830(2)
γ / (°)	100.050(2)
晶胞体积 /$Å^3$	1 544.3(3)
Z	2
计算密度 /(g · cm^{-3})	1.435
吸收系数 /mm^{-1}	0.817
F(000)	700
晶体尺寸 /mm	0.28 × 0.19 × 0.15
θ 数据收集范围 /(°)	2.75 ～ 25.02
极限因子	$-11 \leqslant h \leqslant 13$
	$-14 \leqslant k \leqslant 14$
	$-15 \leqslant l \leqslant 14$
收集的衍射点 / 独立点	9 613/5 437 [R_{int} = 0.077 9]
完整度 (θ = 25.02°)	0.999
最大和最小传输率	0.882 7，0.803 5
数据 / 约束 / 参数	5 437 / 0 / 403
F^2 拟合度	1.037
R_1, wR_2 [$I > 2\sigma$(I)]	R_1 = 0.078 1 wR_2 = 0.091 4

续表

参数	数值或类别
R_1^a 和 wR_2^b（全部数据）	$R_1 = 0.150\ 0$ $wR_2 = 0.116\ 4$
最大差异峰和孔洞 / $(e \cdot Å^{-3})$	0.514，−0.447

注：$R = \dfrac{\sum(|F_0| - |F_C|)}{\sum|F_0|}$，$wR = \left[\dfrac{\sum w(|F_0|^2 - |F_C|^2)}{\sum w(F_0^2)}\right]^{\frac{1}{2}}$。

晶体结构分析结果显示，镍金属配合物 $NiL^2 \cdot H_2O$ 的晶体结构属于三斜晶系，其所属的空间群为 P-1，晶胞参数 a、b、c 的数值分别为 11.394 1(13) Å、11.821 3(13) Å 和 12.847 7(14) Å。晶胞角度 α、β、γ 的数值分别为 101.609(2)°、103.830(2)°、100.050(2)°。晶胞体积 V 为 1 544.3(3) $Å^3$。镍金属配合物 $NiL^2 \cdot H_2O$ 的键长、键角以及氢键数据分别见表 3-7、表 3-8 和表 3-9。

表 3-7　镍金属配合物 $NiL^2 \cdot H_2O$ 的键长数据

键	键长/Å	键	键长/Å
Ni1—N1	1.989 (4)	C6—C7	1.461 (7)
Ni1—O1	1.989 (4)	C6—H6	0.930
Ni1—N2	2.007 (5)	C7—C8	1.385 (8)
Ni1—O5	2.011 (4)	C7—C12	1.401 (7)
Ni1—O7	2.142 (4)	C8—C9	1.392 (7)
Ni1—O3	2.144 (4)	C9—C10	1.398 (8)
S1—C5	1.723 (13)	C10—C11	1.388 (8)
S1—C4	1.825 (8)	C10—H10	0.930
S2—C18	1.774 (7)	C11—C12	1.373 (8)
S2—C17	1.798 (6)	C11—H11	0.930

续表

键	键长/Å	键	键长/Å
N1—C6	1.281 (6)	C12—H12	0.930
N1—C2	1.466 (7)	C13—H13a	0.960
N2—C19	1.274 (7)	C13—H13b	0.960
N2—C15	1.473 (7)	C13—H13C	0.960
O1—C1	1.280 (7)	C14—C15	1.534 (8)
O2—C1	1.237 (7)	C15—C16	1.527 (7)
O3—C8	1.411 (6)	C15—H15	0.980
O3—C27	1.450 (7)	C16—C17	1.513 (8)
O4—C9	1.344 (7)	C16—H16a	0.970
O4—C13	1.421 (7)	C16—H16b	0.970
O5—C14	1.279 (7)	C17—H17a	0.970
O6—C14	1.238 (7)	C17—H17b	0.970
O7—C21	1.395 (6)	C18—H18a	0.960
O7—C28	1.447 (6)	C18—H18b	0.960
O8—C22	1.365 (7)	C18—H18c	0.960
O8—C26	1.416 (7)	C19—C20	1.454 (8)
O9—H9c	0.850	C19—H19	0.930
O9—H9d	0.850	C20—C25	1.395 (7)
C1—C2	1.544 (7)	C20—C21	1.415 (8)
C2—C3	1.521 (8)	C21—C22	1.372 (8)
C2—H2	0.980	C22—C23	1.387 (7)
C3—C4	1.528 (7)	C23—C24	1.381 (8)
C3—H3a	0.970	C23—H23	0.930

续表

键	键长/Å	键	键长/Å
C3—H3b	0.970	C24—C25	1.374 (8)
C4—H4a	0.970	C24—H24	0.930
C4—H4b	0.970	C25—H25	0.930
C5—H5a	0.960	C26—H26a	0.960
C5—H5b	0.960	C26—H26b	0.960
C5—H5c	0.960	C26—H26c	0.960
C27—H27a	0.970	C27—C28	1.485 (7)
C27—H27b	0.970	C28—H28a	0.970
C28—H28b	0.970	—	—

表 3-8　镍金属配合物 $NiL^{2}\cdot H_2O$ 的键角数据

键角	度数/(°)	键角	度数/(°)
N1—Ni1—O1	82.5 (17)	N2—C15—C16	110.6 (5)
N1—Ni1—N2	177.5 (2)	N2—C15—C14	109.2 (5)
O1—Ni1—N2	97.5 (17)	C16—C15—C14	108.3 (5)
N1—Ni1—O5	95.1 (18)	N2—C15—H15	109.6
O1—Ni1—O5	98.7 (17)	C16—C15—H15	109.6
N2—Ni1—O5	82.4 (19)	C14—C15—H15	109.6
N1—Ni1—O7	98.5 (17)	C17—C16—C15	114.8 (5)
O1—Ni1—O7	91.3 (16)	C17—C16—H16a	108.6
N2—Ni1—O7	84.0 (18)	C15—C16—H16a	108.6
O5—Ni1—O7	164.1 (17)	C17—C16—H16b	108.6
N1—Ni1—O3	84.0 (16)	C15—C16—H16B	108.6
O1—Ni1—O3	161.3 (16)	H16A—C16—H16b	107.5

续表

键角	度数/(°)	键角	度数/(°)
N2—Ni1—O3	96.6 (16)	C16—C17—S2	115.2 (5)
O5—Ni1—O3	95.4 (15)	C16—C17—H17a	108.5
O7—Ni1—O3	77.9 (14)	S2—C17—H17a	108.5
C5—S1—C4	97.1 (5)	C16—C17—H17b	108.5
C18—S2—C17	101.2 (3)	S2—C17—H17b	108.5
C6—N1—C2	118.7 (5)	H17a—C17—H17b	107.5
C6—N1—Ni1	125.8 (4)	S2—C18—H18a	109.5
C2—N1—Ni1	113.4 (3)	S2—C18—H18b	109.5
C19—N2—C15	120.7 (5)	H18a—C18—H18b	109.5
C19—N2—Ni1	125.7 (4)	S2—C18—H18c	109.5
C15—N2—Ni1	111.4 (4)	H18a—C18—H18c	109.5
C1—O1—Ni1	116.2 (4)	H18b—C18—H18c	109.5
C8—O3—C27	112.8 (4)	N2—C19—C20	125.0 (6)
C8—O3—Ni1	118.2 (3)	N2—C19—H19	117.5
C27—O3—Ni1	109.4 (3)	C20—C19—H19	117.5
C9—O4—C13	118.2 (5)	C25—C20—C21	117.4 (6)
C14—O5—Ni1	115.8 (4)	C25—C20—C19	118.1 (6)
C21—O7—C28	114.0 (4)	C21—C20—C19	124.4 (5)
C21—O7—Ni1	117.1 (3)	C22—C21—O7	118.4 (6)
C28—O7—Ni1	111.1 (3)	C22—C21—C20	121.8 (6)
C22—O8—C26	118.8 (5)	O7—C21—C20	119.8 (5)
H9c—O9—H9d	107.8	O8—C22—C21	116.3 (6)
O2—C1—O1	124.5 (5)	O8—C22—C23	124.5 (6)

续表

键角	度数/(°)	键角	度数/(°)
O2—C1—C2	117.9 (6)	C21—C22—C23	119.2 (6)
O1—C1—C2	117.5 (5)	C24—C23—C22	119.9 (6)
N1—C2—C3	110.6 (5)	C24—C23—H23	120.0
N1—C2—C1	108.6 (5)	C22—C23—H23	120.0
C3—C2—C1	107.5 (5)	C25—C24—C23	121.1 (6)
N1—C2—H2	110.0	C25—C24—H24	119.5
C3—C2—H2	110.0	C23—C24—H24	119.5
C1—C2—H2	110.0	C24—C25—C20	120.5 (6)
C2—C3—C4	113.6 (5)	C24—C25—H25	119.8
C2—C3—H3a	108.8	C20—C25—H25	119.8
C4—C3—H3a	108.8	O8—C26—H26a	109.5
C2—C3—H3b	108.8	O8—C26—H26b	109.5
C4—C3—H3b	108.8	H26A—C26—H26b	109.5
H3a—C3—H3b	107.7	O8—C26—H26c	109.5
C3—C4—S1	111.4 (5)	H26A—C26—H26c	109.5
C3—C4—H4a	109.4	H26B—C26—H26c	109.5
S1—C4—H4a	109.4	O3—C27—C28	108.2 (5)
C3—C4—H4b	109.4	O3—C27—H27a	110.0
S1—C4—H4b	109.4	C28—C27—H27a	110.0
H4a—C4—H4b	108.0	O3—C27—H27b	110.0
N1—C6—C7	124.2 (5)	C28—C27—H27b	110.0
N1—C6—H6	117.9	H27A—C27—H27b	108.4
C7—C6—H6	117.9	O7—C28—C27	106.2 (5)

续表

键角	度数/(°)	键角	度数/(°)
C8—C7—C12	118.5 (5)	O7—C28—H28a	110.5
C8—C7—C6	124.8 (5)	C27—C28—H28a	110.5
C12—C7—C6	116.6 (5)	O7—C28—H28b	110.5
C7—C8—C9	122.6 (6)	C27—C28—H28b	110.5
C7—C8—O3	120.8 (5)	H28A—C28—H28b	108.7
C9—C8—O3	116.6 (5)	O4—C9—C8	116.0 (5)
O4—C9—C10	126.2 (6)	C11—C12—C7	119.8 (6)
C8—C9—C10	117.7 (6)	C11—C12—H12	120.1
C11—C10—C9	120.2 (6)	C7—C12—H12	120.1
C11—C10—H10	119.9	O4—C13—H13a	109.5
C9—C10—H10	119.9	O4—C13—H13b	109.5
C12—C11—C10	121.2 (6)	H13A—C13—H13b	109.5
C12—C11—H11	119.4	O4—C13—H13c	109.5
C10—C11—H11	119.4	H13A—C13—H13c	109.5
H13b—C13—H13c	109.5	O6—C14—C15	117.8 (6)
O6—C14—O5	125.5 (7)	O5—C14—C15	116.7 (6)

表 3-9　镍金属配合物 $NiL^2 \cdot H_2O$ 的分子间氢键数据

氢键类型 (D—H…A)	键长 d(D—H)/Å			键角 /(°)	对称准则
O9—H9C…O6	0.850	2.052	2.858	158.20	x，y+1，z
O9—H9D…S2	0.850	2.908	3.917	160.17	$-x$+1，$-y$+1，$-z$+2

注：D 为配体，A 为受体。

镍金属配合物 $NiL^2 \cdot H_2O$ 的分子结构如图 3-9 所示。晶体解析数据表明，每一个镍离子与 1,2- 双 (2- 甲氧基 -6- 甲酰基苯氧基) 乙烷缩 L-甲硫氨酸配体 (L^2) 形成配合，并通过配体的两个醚氧、两个羧氧以及席夫碱结构的 >C═N— 上的两个氮原子与之配位，构成 2N + 4O 的六齿中性扭曲的八面体结构，如图 3-10 所示。

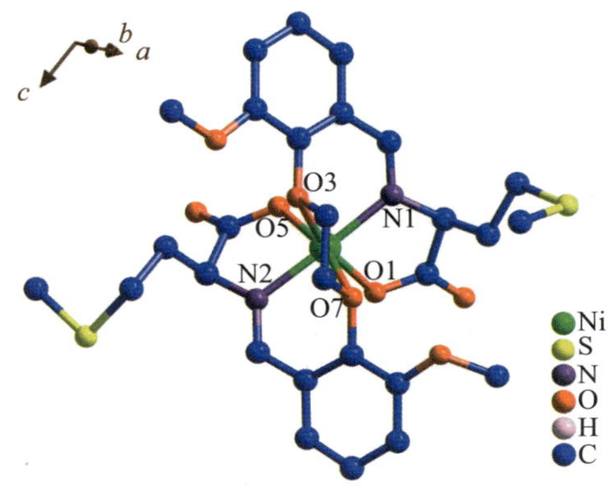

图 3-9　镍金属配合物 $NiL^2 \cdot H_2O$ 的分子结构（所有的氢原子及游离水分子均已略去）

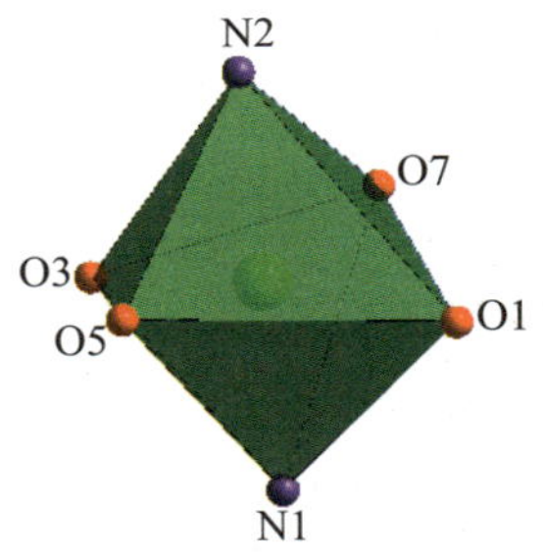

图 3-10　镍金属配合物 $NiL^2 \cdot H_2O$ 的扭曲八面体配位结构

在这个八面体结构中，两个醚氧 (O3 及 O7) 与两个羧氧 (O1 及 O5) 共 4 个原子处于赤道平面上，而两个氮原子 (N1 和 N2) 分别占据两个极点。O1—Ni1—O3 (161.3°) 及 O5—Ni1—O7(164.1°) 的键角均小于 180°，而 N1—Ni1—O1(82.5°)、N1—Ni1—O3(84.0°)、N1—Ni1—O5(95.1°) 及 N1—Ni1—O7 (98.5°) 的键角

均不等于 90°，这表明该配合物的配位模式为扭曲八面体。C6—N1 与 C19—N2 的键长分别为 1.313 Å 及 1.274 Å，与文献 [81] 中报道的 C═N 的键长 1.281 Å 较为接近，这表明了此配合物中亚氨基结构的形成。Ni1—O1 (1.989 Å) 及 Ni1—O5(2.011 Å) 的键长比 Ni1—O3(2.144 Å) 及 Ni1—O7(2.142 Å) 的键长要短，这说明席夫碱羧基上的两个氧原子 O1、O5 与金属镍离子 Ni1 的配位能力要强于醚基上的两个氧原子 O3、O7 的配位能力。在镍金属配合物 $NiL^2 \cdot H_2O$ 中，每个分子都含有一个处于游离状态的水分子。

该金属配合物通过分子间的氢键作用 O9—H9c⋯O6、O9—H9d⋯S2 及分子间的作用力 C9—H5a⋯C11 形成一维链结构，如图 3-11 所示。相邻的链之间通过 π-π 堆积作用最终形成了二维面状结构，如图 3-12 所示。

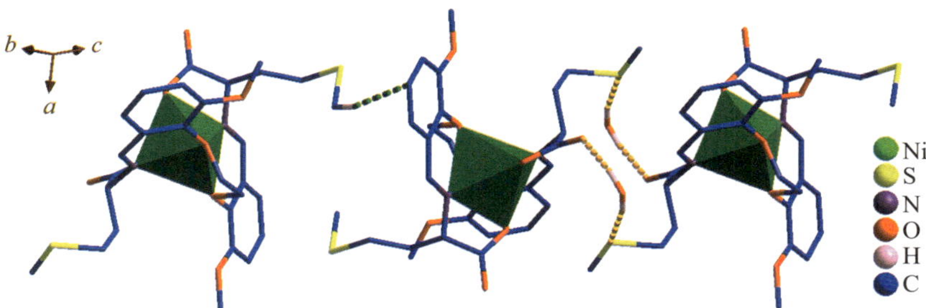

图 3-11 通过氢键和 C—H⋯C 作用力所形成的镍金属配合物 $NiL^2 \cdot H_2O$ 的一维链状结构

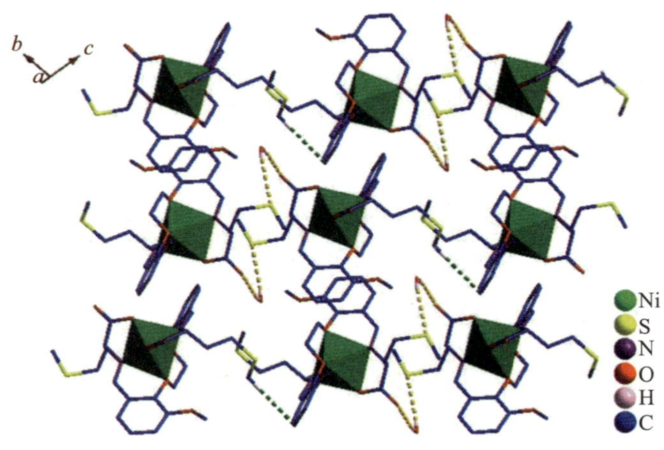

图 3-12　通过各种相互作用形成的镍金属配合物 $NiL^2 \cdot H_2O$ 的二维面状结构

2. $ZnL^2 \cdot CH_3OH$、$CoL^2 \cdot H_2O$ 的晶体结构分析

1,2- 双 (2- 甲氧基 -6- 甲酰基苯氧基) 乙烷缩 L- 甲硫氨酸席夫碱的锌及钴金属配合物 ($ZnL^2 \cdot CH_3OH$、$CoL^2 \cdot H_2O$) 的关键晶体数据见表 3-10，图 3-13 至图 3-16 为这些配合物的分子结构及二维面状结构。晶体分析数据显示，锌金属配合物 $ZnL^2 \cdot CH_3OH$ 与镍金属配合物 $NiL^2 \cdot H_2O$ 的晶体学特性相似，均属于三斜晶系，具有 P-1 空间群；而钴配合物 $CoL^2 \cdot H_2O$ 与前两种配合物略有不同，属于单斜晶系，空间群为 P2(1)/*n*。金属离子都与 1,2- 双 (2- 甲氧基 -6- 甲酰基苯氧基) 乙烷缩 L- 甲硫氨酸单分子配体形成配合，并通过配体的两个醚氧、两个羧氧以及席夫碱结构的 >C═N— 上的两个氮原子与之配位，构成 2N + 4O 的六齿中性扭曲的八面体结构。经过对比发现，锌和钴金属配合物席夫碱羧基上的两个氧原子与金属离子的配位能力同样强于醚基上的两个氧原子。锌配合物通过 O—H⋯O 分子间氢键作用、C—H⋯O 分子间作用力以及 π-π 堆积作用形成二维面状结构；钴配合物通过 O—H⋯O 分子间氢键作用及 π-π 堆积作用形成二维面状结构。

表 3-10 锌、钴金属配合物 ($ZnL^2 \cdot CH_3OH$、$CoL^2 \cdot H_2O$) 的晶体学数据和结构修正参数

参数	数值或类别	
分子式	$C_{29}H_{38}N_2O_9S_2Zn$	$C_{28}H_{36}N_2O_9S_2Co$
相对分子质量	688.10	667.64
温度 /K	293(2)	293(2)
波长 /Å	0.710 73	0.710 73
晶系	三斜晶系	单斜晶系
空间群	P−1	P2(1)/*n*
a /Å	11.450 0(9)	11.609 1(9)
b /Å	11.767 0(11)	16.942 9(15)
c /Å	13.302 0(12)	17.000 0(16)
α (°)	103.131(2)	90
β /(°)	111.080(3)	118.482(3)
γ /(°)	97.988 0(10)	90
晶胞体积 /$Å^3$	1579.8(2)	2939.1(4)
Z	2	4
计算密度 /($g \cdot cm^{-3}$)	1.447	1.509
吸收系数 /mm^{-1}	0.964	0.783
F(000)	720	1396
晶体尺寸 /mm	0.45 × 0.48 × 0.35	0.30 × 0.27 × 0.20
θ 数据收集范围 /(°)	2.34 ～ 25.02	2.33 ～ 25.01
极限因子	$-8 \leqslant h \leqslant 13$	$-13 \leqslant h \leqslant 13$
	$-13 \leqslant k \leqslant 13$	$-16 \leqslant k \leqslant 20$
	$-15 \leqslant l \leqslant 15$	$-20 \leqslant k \leqslant 20$

续表

参数	数值或类别	
收集的衍射点 / 独立点	7 907/5 440 [R_{int} = 0.018 8]	14 334/5 176 [R_{int} = 0.152 8]
完整度 (θ = 25.02°)	0.977	0.998
最大和最小传输率	0.729 1，0.670 9	0.859 2，0.799 1
数据 / 约束 / 参数	5 440 / 0 / 423	5 176 / 0 / 383
F^2 拟合度	1.012	1.008
R_1 和 wR_2 [$I > 2\sigma$(I)]	R_1 = 0.039 9 wR_2 = 0.092 8	R_1 = 0.076 4 wR_2 = 0.143 8
R_1 和 wR_2（全部数据）	R_1 = 0.063 0 wR_2 = 0.104 1	R_1 = 0.157 1 wR_2 = 0.183 1
最大差异峰和孔洞 / (e · Å^{-3})	0.564，−0.347	0.703，−0.478

注：$R = \dfrac{\sum(|F_0|-|F_C|)}{\sum|F_0|}$，$wR = \left[\dfrac{\sum w(|F_0|^2-|F_C|^2)}{\sum w(F_0^{\ 2})}\right]^{\frac{1}{2}}$。

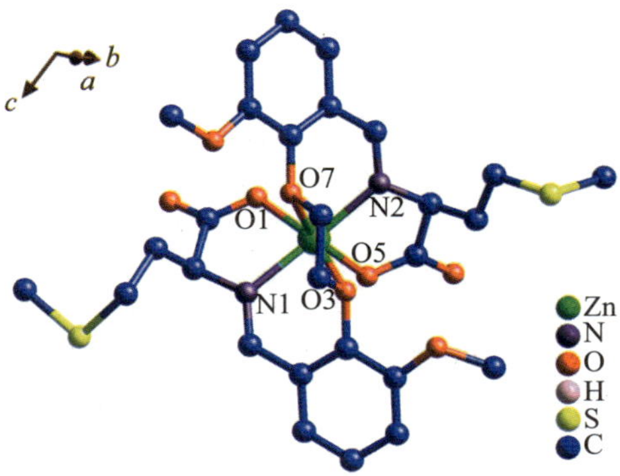

图 3-13　锌金属配合物 $ZnL^2 \cdot CH_3OH$ 的分子结构（所有氢原子和游离的甲醇分子均未显示）

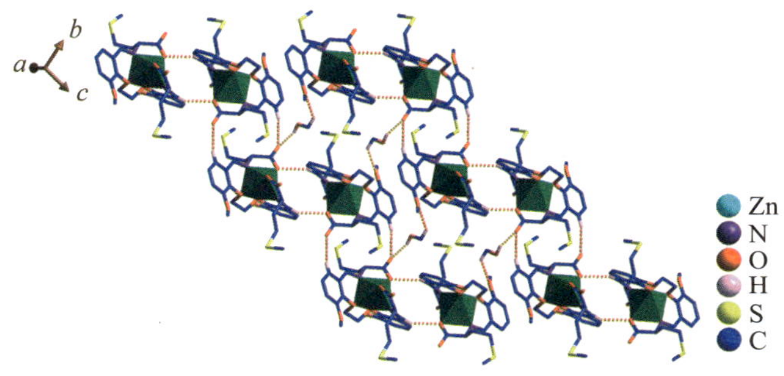

图 3-14　锌金属配合物 $ZnL^2 \cdot 3CH_3OH$ 的二维面状结构

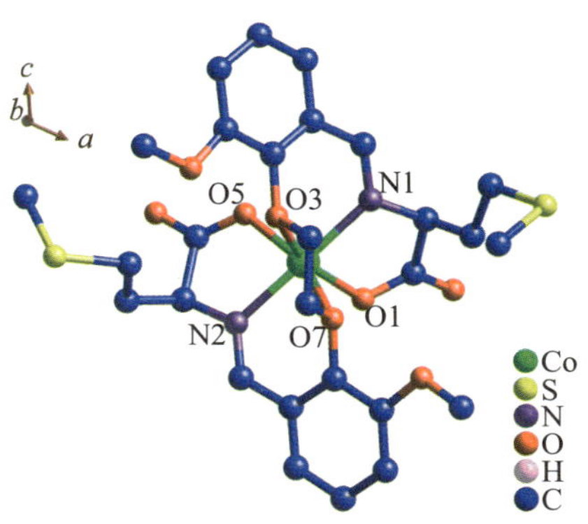

图 3-15　钴金属配合物 $CoL^2 \cdot H_2O$ 的分子结构
所有的氢原子及游离水分子均未显示

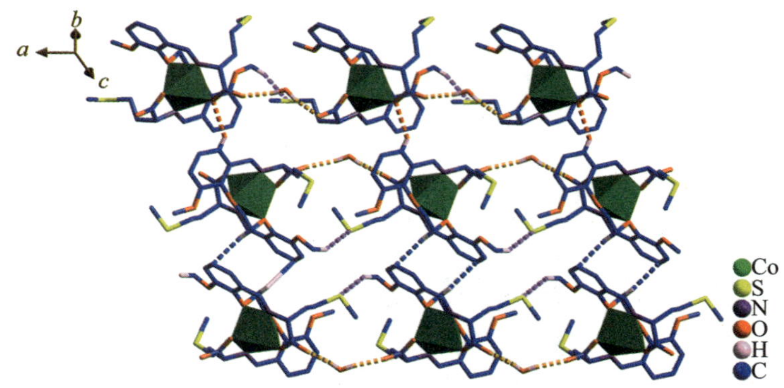

图 3-16　钴金属配合物 $CoL^2 \cdot H_2O$ 的二维面状结构

3.3.5　配合物的化学结构

综合以上分析，推测的配合物的化学结构如图 3-17 所示。

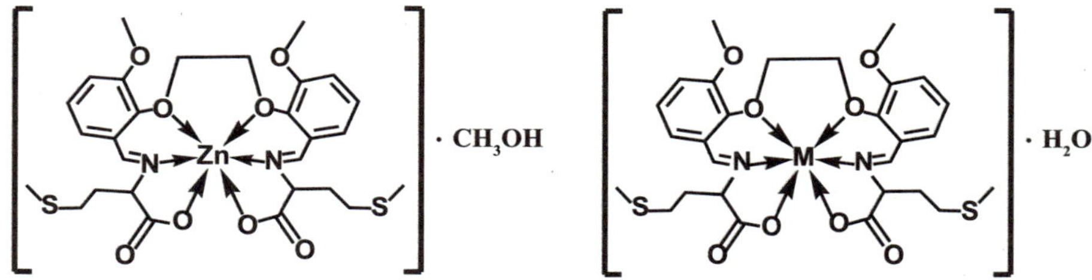

图 3-17　推测的配合物的化学结构 [M=Ni(Ⅱ)、Co(Ⅱ)、Mn(Ⅱ)、Cu(Ⅱ)、Cd(Ⅱ)]

3.4　小　　结

本章以 1,2- 双 (2- 甲氧基 -6- 甲酰基苯氧基) 乙烷和 L- 甲硫氨酸为原料，合成了对称双氨基酸席夫碱配体 (K_2L^2) 及其相关的一系列金属配合物，还成功制得锌、镍、钴金属配合物的分子晶体。

本章采用多种分析测试技术对配体及其相应的金属配合物进行了全

面表征。配合物的组成为 $Zn(C_{40}H_{36}N_4O_8)\cdot CH_3OH$，$M(C_{40}H_{36}N_4O_8)\cdot H_2O$ [M = Ni(Ⅱ)、Co(Ⅱ)、Mn(Ⅱ)、Cu(Ⅱ)、Cd(Ⅱ)]。每种金属离子都与 1,2-双 (2- 甲氧基 -6- 甲酰基苯氧基) 乙烷缩 L- 甲硫氨酸单分子配体形成配合，并通过配体的两个醚氧、两个羧氧以及席夫碱结构的 >C=N— 上的两个氮原子与之配位，构成了 2N + 4O 的六齿中性扭曲的八面体结构。

第 4 章

1,2- 双 (2- 甲氧基 -6- 甲酰基苯氧基) 乙烷缩牛磺酸席夫碱配合物的合成、表征与量子化学计算

4.1 引　言

牛磺酸广泛存在于人体的组织细胞中，属于非蛋白氨基酸。它虽不参与蛋白质的合成，却在药理和生理上发挥着重要作用。目前，人们对牛磺酸所形成的金属配合物的研究主要集中在两方面：一是将牛磺酸作为螯合配体直接与金属离子反应形成配合物及其性质研究，二是单分子的牛磺酸和醛类化合物缩合反应所形成的金属配合物的合成、表征及生物活性研究。利用两分子的牛磺酸与二醛类化合物所形成的新型对称双氨基酸类席夫碱及其金属配合物的研究报道较少。

本章首先选取 1,2- 双 (2- 甲氧基 -6- 甲酰基苯氧基) 乙烷为先导化合物，使其与两分子的牛磺酸缩合反应得到席夫碱配体；其次分别与过渡金属的羧酸盐 [Zn(Ⅱ)、Ni(Ⅱ)、Co(Ⅱ)、Mn(Ⅱ)、Cu(Ⅱ)、Cd(Ⅱ)] 进行配位反应，得到一系列相应的金属配合物粉末并制得镍金属配合物的

晶体；最后采用红外光谱技术与 X- 射线单晶衍射技术等多种分析工具，对配体及其金属配合物进行详细的表征研究，从而推断出它们可能的化学结构与组成。本章还以镍金属配合物的晶体学结构为依据，采用密度泛函理论 (DFT) 中的 B3LYP 方法和 6-31+G* 基组进行量子化学计算，为下一步的性质研究奠定理论基础。

4.2 实　验

4.2.1　化学试剂

实验所用化学试剂见表 4-1。

表 4-1　化学试剂

名称	纯度	试剂品牌
邻香草醛	AR	安耐吉化学试剂
牛磺酸	BR	安耐吉化学试剂
$Zn(CH_3COO)_2 \cdot 2H_2O$	AR	安耐吉化学试剂
$Ni(CH_3COO)_2 \cdot 4H_2O$	AR	安耐吉化学试剂
$Co(CH_3COO)_2 \cdot 4H_2O$	AR	安耐吉化学试剂
$Mn(CH_3COO)_2 \cdot 4H_2O$	AR	安耐吉化学试剂
$Cu(CH_3COO)_2 \cdot H_2O$	AR	安耐吉化学试剂
$Cd(CH_3COO)_2 \cdot 2H_2O$	AR	安耐吉化学试剂
KOH	AR	安耐吉化学试剂
KBr	SP	安耐吉化学试剂
无水甲醇	AR	安耐吉化学试剂

4.2.2 实验仪器

实验所用主要仪器见表 4-2。

表 4-2 实验仪器

仪器	型号
元素分析仪	Perkin Elmer 2400 型元素分析仪
红外光谱仪	Nicolet 170SX 红外光谱仪
紫外 - 可见分光光度计	Shimadzu UV 2550 双光束紫外 - 可见光分光光度计
热重分析仪	NETZSCH TG 209F3 热重分析仪
X- 射线单晶衍射仪	Bruker Smart-1000 CCD 型 X- 射线单晶衍射仪

4.2.3 1,2- 双 (2- 甲氧基 -6- 甲酰基苯氧基) 乙烷缩牛磺酸席夫碱配合物的合成

称取 0.125 g (1 mmol) 牛磺酸和 0.056 g (1 mmol) 氢氧化钾于 100 mL 圆底烧瓶中，加入 30 mL 无水甲醇，搅拌均匀使其溶解。待反应体系呈无色透明溶液后，将含有 0.165 g (0.5 mmol) 1,2- 双 (2- 甲氧基 -6- 甲酰基苯氧基) 乙烷的 20 mL 甲醇溶液逐滴加入圆底烧瓶中，加热到 50 ℃并反应 5 h，得到配体 [$K_2(C_{22}H_{26}N_2O_{10}S_2)$、$K_2L^3$] 的亮黄色透明溶液。反应方程式为

将 0.5 mmol 的 $Zn(CH_3COO)_2 \cdot 2H_2O$ (0.110 g)、$Ni(CH_3COO)_2 \cdot 4H_2O$ (0.124 g)、$Co(CH_3COO)_2 \cdot 4H_2O$ (0.125 g)、$Mn(CH_3COO)_2 \cdot 4H_2O$ (0.122 g)、$Cu(CH_3COO)_2 \cdot H_2O$ (0.100 g)、$Cd(CH_3COO)_2 \cdot 2H_2O$ (0.133 g)

溶解在 15 mL 的无水甲醇中，然后逐渐将此金属盐溶液滴加至席夫碱配体溶液中，保持恒温 50 ℃，磁力搅拌加热回流 5 h，冷却至室温，过滤。利用自然挥发法，大约经过 2 d 时间得到绿色的镍配合物晶体。

4.3　结果与讨论

4.3.1　元素分析

本章使用 Perkin Elmer 2400 型元素分析仪对合成的配体及其相关金属配合物中的碳、氢、氮、硫元素的百分比进行了精确测定，结果见表 4-3。经过数据对比分析发现，实际测得的各元素百分比与理论预测值相当吻合。

表 4-3　配合物的元素分析数据

单位：%

配体及配合物	C	H	N	S
$K_2(C_{22}H_{26}N_2O_{10}S_2)$	42.55 (42.45)	4.26 (4.34)	4.49 (4.55)	10.32 (10.42)
$ZnL^3 \cdot 2CH_3OH$	43.18 (43.05)	4.74 (4.84)	4.35 (4.46)	10.03 (10.12)
$NiL^3 \cdot 2CH_3OH$	43.60 (43.53)	4.79 (4.83)	4.38 (4.45)	10.12 (10.23)
$CoL^3 \cdot 2CH_3OH$	43.64 (43.57)	4.76 (4.83)	4.40 (4.52)	10.15 (10.23)
$MnL^3 \cdot 2CH_3OH$	43.87 (43.65)	4.85 (4.93)	4.44 (4.61)	10.22 (10.33)
$CuL^3 \cdot 2CH_3OH$	43.25 (43.12)	4.75 (4.85)	4.37 (4.48)	10.03 (10.24)

续表

配体及配合物	C	H	N	S
$CdL^3 \cdot 2CH_3OH$	40.22 (40.11)	4.43 (4.54)	4.10 (4.21)	9.29 (9.35)

注：括号内为理论值

4.3.2 红外光谱分析

本章采用 Nicolet 170SX 红外光谱仪，并运用溴化钾压片技术，在 400 ～ 4 000 cm^{-1} 的波数区间内对合成的配体及其金属配合物进行了细致的扫描分析。所得的红外光谱图如图 4-1 至图 4-7 所示，关键的吸收峰数据见表 4-4。

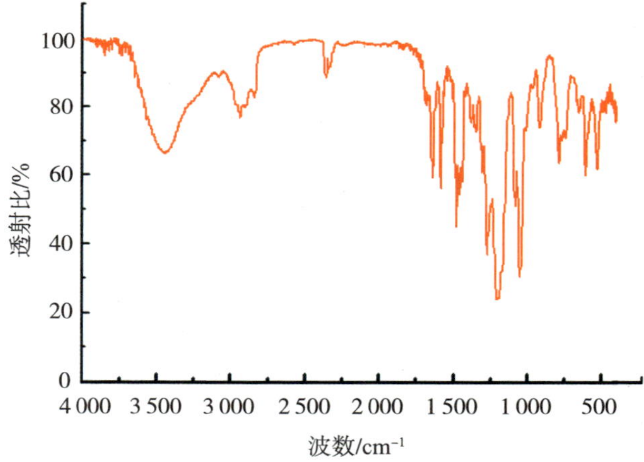

图 4-1　K_2L^3 的红外光谱

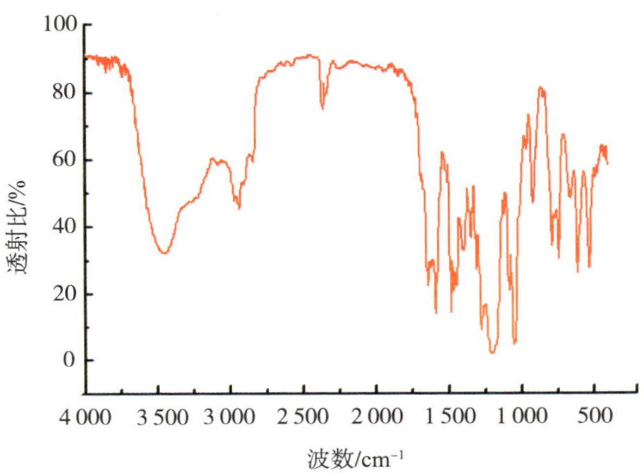

图 4-2　$ZnL^3 \cdot 2CH_3OH$ 的红外光谱

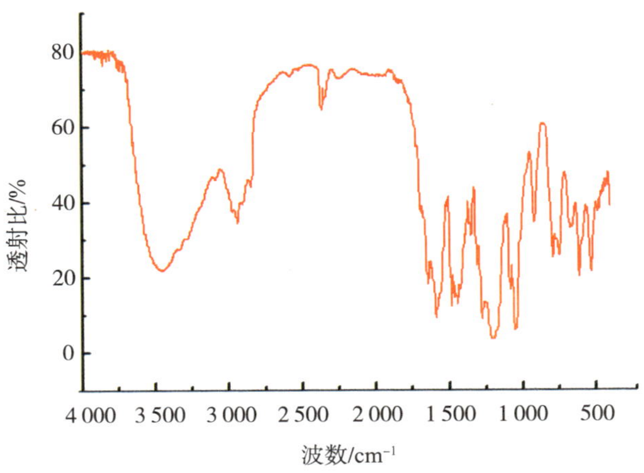

图 4-3　$NiL^3 \cdot 2CH_3OH$ 的红外光谱

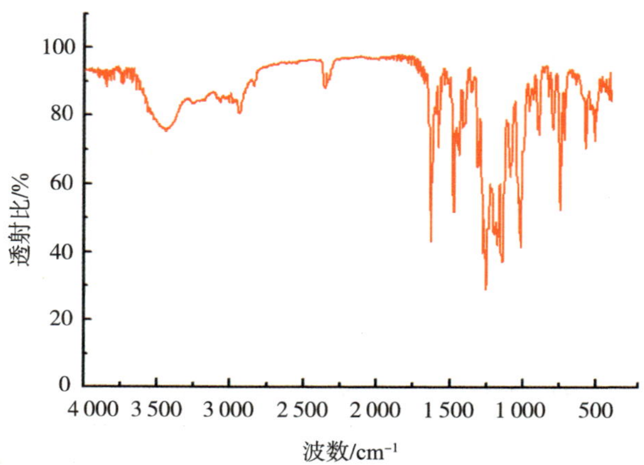

图 4-4　$CoL^3 \cdot 2CH_3OH$ 的红外光谱

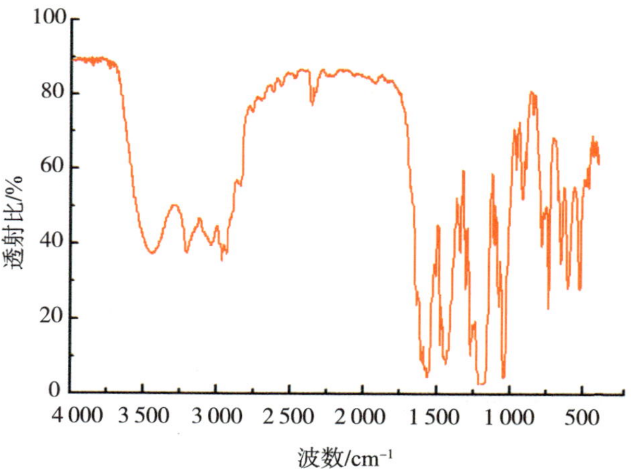

图 4-5　$MnL^3 \cdot 2CH_3OH$ 的红外光谱

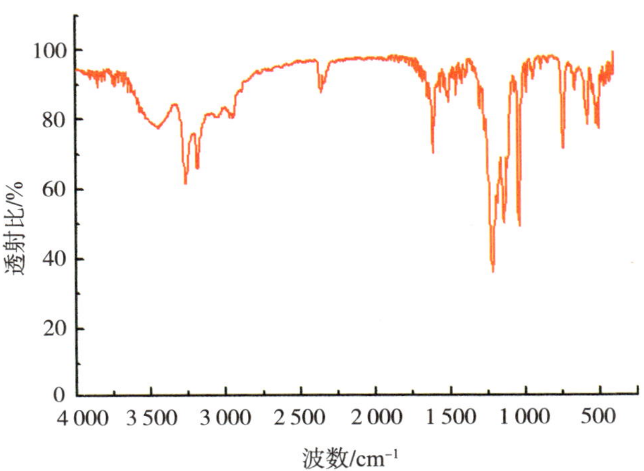

图 4-6　$CuL^3 \cdot 2CH_3OH$ 的红外光谱

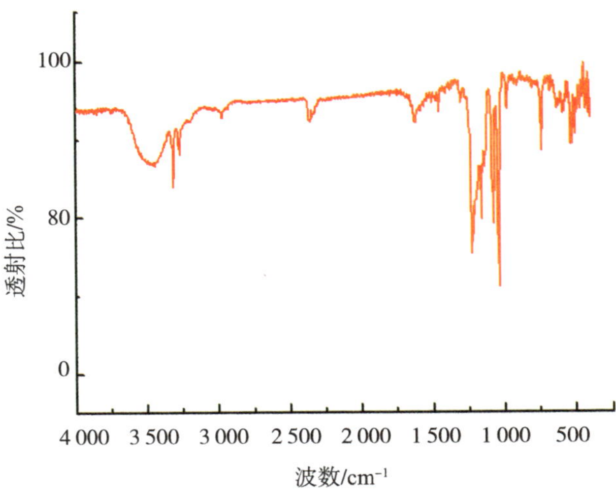

图 4-7　$CdL^3 \cdot 3CH_3OH$ 的红外光谱

表 4-4　配体及配合物的主要红外光谱数据

单位：cm^{-1}

配体及配合物	$v_{C=N}$	v_{AR-O}	v_{M-N}	v_{M-O}	$v_{SO_3^-}$
K_2L^3	1 637	1 272	–	–	1 209, 1 055
$ZnL^3 \cdot 2CH_3OH$	1 634	1 259	565	498	1 204, 1 047
$NiL^3 \cdot 2CH_3OH$	1 630	1 260	562	500	1 202, 1 045
$CoL^3 \cdot 2CH_3OH$	1 633	1 258	560	503	1 205, 1 040
$MnL^3 \cdot 2CH_3OH$	1 627	1 256	563	510	1 203, 1 039
$CuL^3 \cdot 2CH_3OH$	1 628	1 262	558	506	1 188, 1 042
$CdL^3 \cdot 2CH_3OH$	1 625	1 267	560	499	1 190, 1 038

在配合物的红外光谱中，在 1 625 ～ 1 634 cm^{-1} 区间内观察到一个显著的吸收峰，这一峰表示了亚胺基（—O═CR—）的特征吸收。此外，在 558 ～ 565 cm^{-1} 区间内也存在一个较小的吸收峰，此峰可视为金属与亚胺基氮原子之间振动的指示，这反映了氮原子与金属离子之间配位键的形成。配体中磺酸基的特征吸收峰为 1 209 cm^{-1} 和 1 055 cm^{-1}，在配合物中则位移至 1 188 ～ 1 205 cm^{-1} 和 1 038 ～ 1 047 cm^{-1} 区间的，这表明了磺酸基上的羟基氧原子与金属离子发生了配位作用。配体在 1 272 cm^{-1} 处出现强吸收峰，归属为芳香醚上碳氧键的伸缩振动峰，配合物在 1256 ～ 126 7 cm^{-1} 区间内出现相似吸收峰，说明芳香醚基上的氧原子参与了配位。在配合物的红外谱图中，498 ～ 510 cm^{-1} 区间内出现了伸缩振动峰，表明金属离子与氧原子之间存在配位作用。

4.3.3　紫外光谱分析

在常温下，本章将配体 K_2L^3 及其相应金属配合物溶解于无水甲醇中，并利用 Shimadzu UV 2550 双光束紫外 – 可见光分光光度计对其进行紫外光谱分析，得到的光谱如图 4-8 所示，紫外吸收峰的数据见表 4-5。

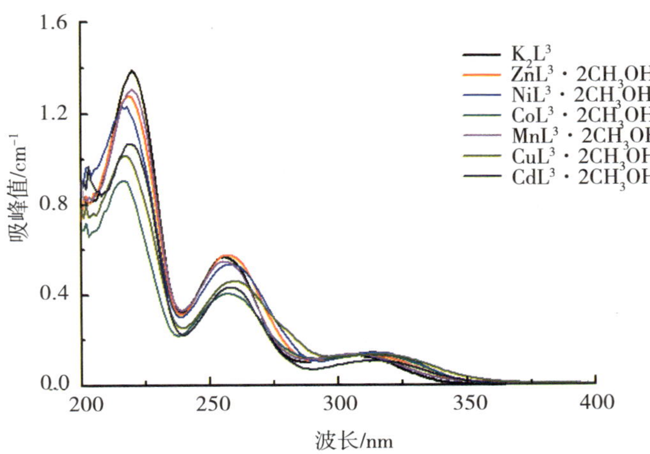

图 4-8 配体 (K_2L^3) 及其金属配合物 ($ZnL^3 \cdot 2CH_3OH$、$NiL^3 \cdot 2CH_3OH$、$CoL^3 \cdot 2CH_3OH$、$MnL^3 \cdot 2CH_3OH$、$CuL^3 \cdot 2CH_3OH$、$CdL^3 \cdot 2CH_3OH$) 的紫外光谱图

表 4-5 配体及配合物的主要紫外光谱数据

配体及配合物	第一谱带λ_{max1}/nm	第二谱带λ_{max2}/nm
K_2L^3	220	255
$ZnL^3 \cdot 2CH_3OH$	219	256
$NiL^3 \cdot 2CH_3OH$	216	259
$CoL^3 \cdot 2CH_3OH$	217	257
$MnL^3 \cdot 2CH_3OH$	220	256
$CuL^3 \cdot 2CH_3OH$	220	260
$CdL^3 \cdot 2CH_3OH$	218	258

由图 4-8 和表 4-5 中的数据可知，1,2- 双 (2- 甲氧基 -6- 甲酰基苯氧基) 乙烷缩牛磺酸席夫碱配体 (K_2L^3) 存在两个较强的吸收峰，其中一个最大吸收峰位于 220 nm 处，这主要是由苯环的 $\pi-\pi^*$ 电子跃迁引

起的；而在 255 nm 的位置上，存在另一个强烈的吸收峰，这可以归因于亚胺基上氮原子的孤电子对进行的 n-π 电子跃迁。本章在比较配体与其形成的配合物的光谱数据时发现，配合物的主要紫外吸收峰相较于配体发生了一定程度的变化。这表明在形成配合物后，体系的电子离域程度提高，使 n-π* 能级跃迁所需的能量降低。

4.3.4 热重分析

本章在 N_2 气氛、升温速率为 20 ℃ / min^{-1} 和温度范围为 35 ～ 1 000℃的条件下，对配合物 $NiL^3 \cdot 2CH_3OH$ 的热力学稳定性进行了研究，结果如图 4-9 所示。

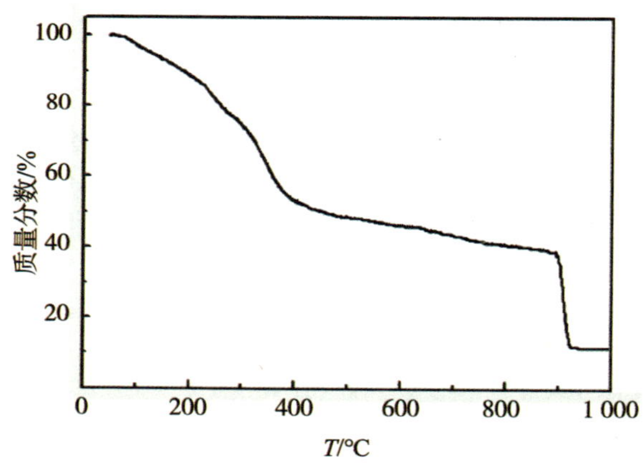

图 4-9 配合物 $NiL^3 \cdot 2CH_3OH$ 的热重分析图

由图 4-9 可知，配合物 $NiL^3 \cdot 2CH_3OH$ 在 90 ℃之前没有明显的质量损失，在温度区间为 90 ～ 925 ℃时，有机配体分子逐渐发生分解，配合物发生了明显的失重现象，最后生成对应的金属氧化物 NiO(实验值 11.5 %，计算值 11.2 %)。

4.3.5 X- 射线单晶衍射分析

本章采用 Bruker Smart-1000 CCD 型 X- 射线单晶衍射仪对 1,2- 双

(2– 甲氧基 –6– 甲酰基苯氧基) 乙烷缩牛磺酸席夫碱镍金属配合物进行单晶测定，以分析其晶体空间结构。相关晶体学数据和结构修正参数见表 4–6。

表 4-6　$NiL^3 \cdot 2CH_3OH$ 的晶体学数据和结构修正参数

参数	数值或类别
分子式	$C_{24}H_{34}N_2O_{12}S_2Ni$
相对分子质量	665.36
温度 / K	293(2)
波长 / Å	0.710 73
晶系	单斜晶系
空间群	C2/c
a /Å	9.232 5(9)
b /Å	17.220 5(19)
c /Å	18.619 4(17)
α /(°)	90
β /(°)	100.697(2)
γ /(°)	90
晶胞体积 /$Å^3$	2 908.8(5)
Z	4
计算密度 /($g \cdot cm^{-3}$)	1.519
吸收系数 /mm^{-1}	0.875
F(000)	1 392
晶体尺寸 /mm	0.45 × 0.40 × 0.33
θ 数据收集范围 /(°)	2.54 ～ 25.01

续表

参数	数值或类别
极限因子	$-10 \leqslant h \leqslant 10$
	$-16 \leqslant k \leqslant 20$
	$-22 \leqslant l \leqslant 22$
收集的衍射点 / 独立点	9 816/2 567 [R_{int} = 0.079 1]
完整度 (θ = 25.02)	0.999
最大和最小传输率	0.761 2，0.694 3
数据 / 约束 / 参数	2 567 / 0 / 189
F^2 拟合度	1.079
R_1^a 和 wR_2^b [$I > 2\sigma(I)$]	R_1 = 0.067 8，wR_2 =0.159 7
R_1^a 和 wR_2^b（全部数据）	R_1 = 0.092 4，wR_2 = 0.175 5
最大差异峰和孔洞 /(e · Å^{-3})	0.618，−0.442

注：$R = \dfrac{\sum(|F_0|-|F_C|)}{\sum|F_0|}$，$wR = \left[\dfrac{\sum w(|F_0|^2-|F_C|^2)}{\sum w(F_0^2)}\right]^{\frac{1}{2}}$。

晶体结构分析结果显示，镍金属配合物 $NiL^3 \cdot 2CH_3OH$ 的晶体结构属于单斜晶系，其所属的空间群为 C2/c，晶胞参数 a、b、c 的数值分别为 9.232 5(9) Å、17.220 5(19) Å、18.619 4(17) Å，晶胞角度 α 和 γ 均为 90°，β 为 100.697(2)°。晶胞体积 V 为 2 908.8(5) Å^3。镍金属配合物 $NiL^3 \cdot 2CH_3OH$ 的键长及键角数据分别见表 4-7 和表 4-8。

表 4-7　$NiL^3 \cdot 2CH_3OH$ 的键长数据

键	键长/ Å	键	键长/ Å
Ni1—O1	2.024 (3)	C2—H2B	0.970
Ni1—O1#	2.024 (3)	C3—C4	1.463 (8)
Ni1—N1	2.048 (4)	C3—H3	0.930
Ni1—N1#	2.048 (4)	C4—C5	1.395 (7)
Ni1—O4	2.084 (4)	C4—C9	1.399 (7)
Ni1—O4#	2.084 (4)	C5—C6	1.375 (8)
S1—O2	1.439 (5)	C6—C7	1.398 (8)
S1—O3	1.454 (5)	C7—C8	1.375 (9)
S1—O1	1.455 (4)	C7—H7	0.930
S1—C1	1.774 (5)	C8—C9	1.365 (9)
N1—C3	1.287 (6)	C8—H8	0.930
N1—C2	1.474 (7)	C9—H9	0.930
O4—C5	1.396 (6)	C10—C10#	1.418 (14)
O4—C10	1.437 (7)	C10—H10a	0.970
O5—C6	1.359 (7)	C10—H10b	0.970
O5—C11	1.416 (8)	C11—H11a	0.960
O6—C12	1.422 (12)	C11—H11b	0.960
O6—H6	0.820	C11—H11c	0.960
C1—C2	1.519 (8)	C12—H12a	0.960
C1—H1a	0.970	C12—H12b	0.960
C1—Hb	0.970	C12—H12c	0.960
C2—H2a	0.970		

表 4-8　$NiL^3 \cdot 2CH_3OH$ 的键角数据

键角	度数/(°)	键角	度数/(°)
O1—Ni1—O1#	93.2 (2)	H2a—C2—H2b	107.9
O1—Ni1—N1	97.2 (15)	N1—C3—C4	126.6 (5)
O1#—Ni1—N1	88.1 (15)	N1—C3—H3	116.7
O1—Ni1—N1#	88.1 (15)	C4—C3—H3	116.7
O1#—Ni1—N1#	97.2 (15)	C5—C4—C9	117.7 (5)
N1—Ni1—N1#	172.4 (2)	C5—C4—C3	124.5 (4)
O1—Ni1—O4	172.0 (15)	C9—C4—C3	117.8 (5)
O1#—Ni1—O4	94.0 (15)	C6—C5—O4	118.3 (5)
N1—Ni1—O4	86.4 (15)	C6—C5—C4	122.0 (5)
N1#—Ni1—O4	87.7 (15)	O4—C5—C4	119.7 (5)
O1—Ni1—O4#	94.0 (15)	O5—C6—C5	115.1 (5)
O1#—Ni1—O4#	172.0 (15)	O5—C6—C7	125.7 (6)
N1—Ni1—O4#	87.7 (15)	C5—C6—C7	119.2 (5)
N1#—Ni1—O4#	86.4 (15)	C8—C7—C6	118.9 (6)
O4—Ni1—O4#	79.0 (2)	C8—C7—H7	120.5
O2—S1—O3	113.5 (3)	C6—C7—H7	120.5
O2—S1—O1	110.7 (3)	C9—C8—C7	122.0 (5)
O3—S1—O1	111.6 (3)	C9—C8—H8	119.0
O2—S1—C1	108.3 (3)	C7—C8—H8	119.0
O3—S1—C1	106.9 (3)	C8—C9—C4	120.1 (6)
O1—S1—C1	105.4 (2)	C8—C9—H9	119.9
C3—N1—C2	117.6 (4)	C4—C9—H9	119.9

续表

键角	度数/(°)	键角	度数/(°)
C3—N1—Ni1	124.1 (4)	$C10^{\#}$—C10—O4	111.5 (5)
C2—N1—Ni1	118.2 (3)	$C10^{\#}$—C10—H10a	109.3
S1—O1—Ni1	131.3 (2)	O4—C10—H10a	109.3
C5—O4—C10	117.2 (5)	$C10^{\#}$—C10—H10b	109.3
C5—O4—Ni1	120.7 (3)	O4—C10—H10b	109.3
C10—O4—Ni1	112.1 (3)	H10a—C10—H10b	108.0
C6—O5—C11	118.8 (5)	O5—C11—H11a	109.5
C12—O6—H6	109.5	O5—C11—H11b	109.5
C2—C1—S1	114.3 (4)	H11a—C11—H11b	109.5
C2—C1—H1a	108.7	O5—C11—H11c	109.5
S1—C1—H1a	108.7	H11a—C11—H11c	109.5
C2—C1—H1b	108.7	H11b—C11—H11c	109.5
S1—C1—H1b	108.7	O6—C12—H12a	109.5
H1a—C1—H1b	107.6	O6—C12—H12b	109.5
N1—C2—C1	112.1 (4)	H12a—C12—H12b	109.5
N1—C2—H2a	109.2	O6—C12—H12c	109.5
C1—C2—H2a	109.2	H12a—C12—H12c	109.5
N1—C2—H2b	109.2	H12b—C12—H12c	109.5
C1—C2—H2b	109.2		

注：用于生成等价原子的对称交换为 $-x+1$，y，$-z+\frac{1}{2}$。

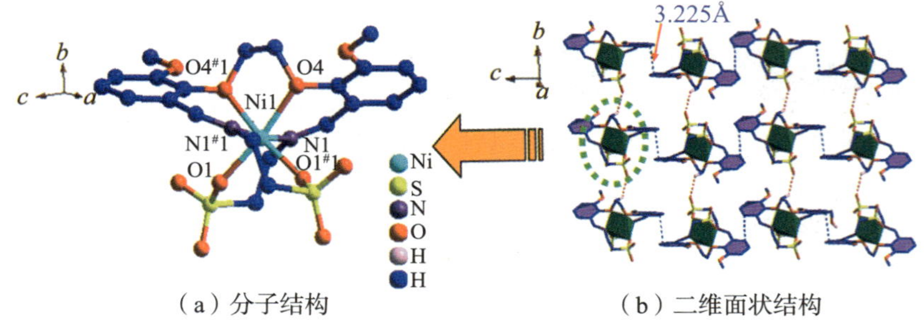

(a) 分子结构　　(b) 二维面状结构

图 4-10　镍金属配合物 $NiL^3 \cdot 2CH_3OH$ 的分子结构和二维面状结构（所有的氢原子及游离甲醇分子均已略去，参与形成弱作用的除外）

镍金属配合物 $NiL^3 \cdot 2CH_3OH$ 的分子结构及二维面状结构如图 4-10 所示。晶体解析数据表明，每一个镍离子与 1,2- 双 (2- 甲氧基 -6- 甲酰基苯氧基) 乙烷缩牛磺酸配体 (L^3) 形成配合，并通过配体的两个醚氧、磺酸基上的两个羟基氧以及席夫碱结构的 >C=N— 上的两个氮原子与之配位，构成 2N + 4O 的六齿中性扭曲的八面体结构，如图 4-11 所示。

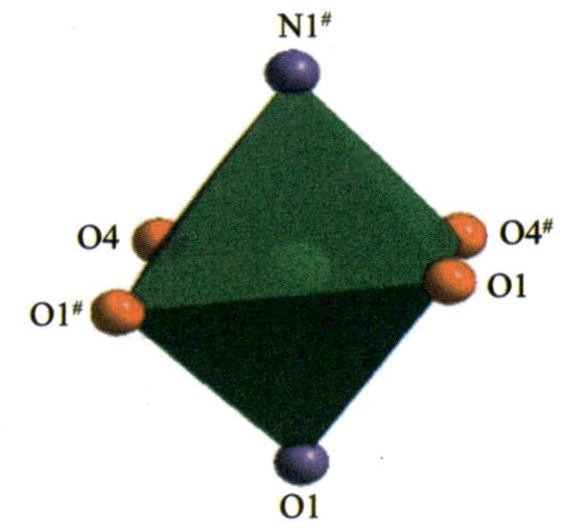

图 4-11　镍金属配合物 $NiL^3 \cdot 2CH_3OH$ 的扭曲八面体配位结构

在这个八面体结构中，O1、O4#、O4 及 O1# 共 4 个原子处于赤道平面上，而两个氮原子 N1 和 N1# 分别占据两个极点。O1—Ni1—O4 (172.0°) 及 O1#—Ni1—O4#(172.0°) 的键角均小于 180°，而 N1—Ni1—O1(97.2°)、N1—Ni1—O4(86.4°)、N1—Ni1—O4#(87.7°)、N1—Ni1—O1# (88.1°) 的键角均不等于 90°，这表明该配合物的配位模

式为扭曲八面体。N1—C3 的键长分别为 1.287 Å，与文献 [81] 中报道的 C═N 键长 1.313 Å 较为接近，这表明了此配合物中亚氨基结构的形成。对于 Ni—O 键长来说，Ni1—O1(2.024 Å) 和 Ni1—O1# (2.024 Å) 的键长比 Ni1—O4(2.084 Å) 和 Ni1—O4#(2.084 Å) 的键长短，这说明席夫碱配体磺酸基上的两个羟基氧原子 O1、O1# 与金属镍原子的配位能力要强于醚基上的两个氧原子 O4、O4# 的配位能力。配合物分子之间通过 π－π 堆积作用及 C—H…O 分子间作用力形成二维面状结构。

4.3.6 配合物的化学结构

综合以上分析，推测的配合物的化学结构如图 4-12 所示。

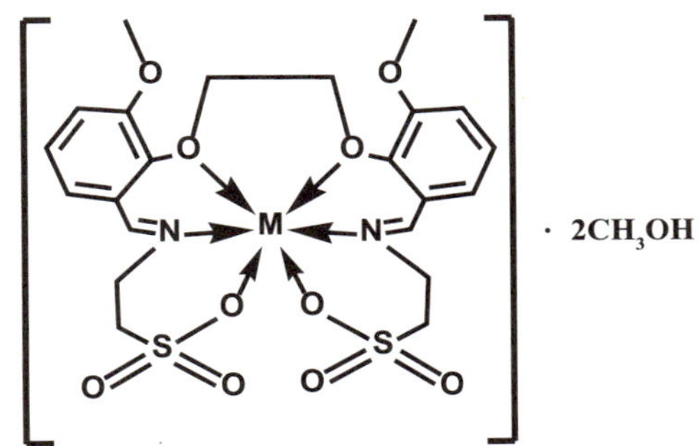

图 4-12 推测的配合物的化学结构 (M = Zn、Ni、Co、Mn、Cu、Cd)

4.4 量子化学计算

本节基于 1,2- 双 (2- 甲氧基 -6- 甲酰基苯氧基) 乙烷缩牛磺酸席夫碱镍配合物 $NiL^3 \cdot 2CH_3OH$ 的晶体结构，利用密度泛函理论 (DFT) 中的 B3LYP 方法，结合 6-31+G* 机组，对该分子的结构进行了优化，分别计算了该配合物分子的自然原子电荷 (natural atomic charges) 分布、前线分子轨道能量与组成 (frontier molecular orbital energies and components) 以及分子静电势 (molecular electrostatic potential)。

4.4.1 自然原子电荷分布

1,2- 双 (2- 甲氧基 -6- 甲酰基苯氧基) 乙烷缩牛磺酸席夫碱镍配合物 $NiL^3 \cdot 2CH_3OH$ 中主要的自然原子电荷分布数据见表 4-9。由表 4-9 可知，N、O1、O4 原子上具有较大的负电荷，很容易与镍离子发生配位作用；而镍离子上的电荷从 +2 价降低至 +1.175 价，这表明氮、氧原子上的电子云向镍离子发生了部分转移，也验证了席夫碱镍配合物的形成。

表 4-9　镍金属配合物 $NiL^3 \cdot 2CH_3OH$ 主要的自然原子电荷分布

原子	电荷/eV	原子	电荷/eV
Ni	1.175	N1#	−0.422
N1	−0.422	O4#	−1.087
O1	−1.087	O4	−0.591
O2	−1.042	O4#	−0.591

4.4.2 前线分子轨道能量与组成

分子轨道理论指出，最高占据轨道 (HOMO)、最低空轨道 (LUMO) 及其相邻分子轨道的能量与化合物的稳定性密切相关。本节采用 Gaussian 03 软件，对 1,2- 双 (2- 甲氧基 -6- 甲酰基苯氧基) 乙烷缩牛磺酸席夫碱镍配合物 $NiL^3 \cdot 2CH_3OH$ 的分子结构进行了优化计算，并通过对计算结果进行分析，获得了配合物分子的部分前线轨道能量与组成的数据，见表 4-10。4 个分子轨道 (HOMO−1、HOMO、LUMO 及 LUMO+1) 的分布情况如图 4-13 所示。

表 4−10　镍金属配合物 $NiL_3 \cdot 2CH_3OH$ 的部分前线轨道能量与组成

轨道类型		HOMO−1	HOMO	LUMO	LUMO+1
轨道能量E/a.u.		−0.227	−0.226	−0.084	−0.072
配位原子原子能量/a.u.	Ni1	0.513	−0.041	−0.803	−0.696
	N1	−0.062	0.049	0.066	0.256
	O1	−0.159	0.096	−0.441	0.028
	O4	−0.515	−0.528	−0.096	−0.077
	O2	−0.060	0.017	−0.175	0.045
	O3	−0.028	0.001	−0.005	−0.124
	O5	−0.581	−0.518	−0.089	−0.089
	S1	0.149	−0.155	0.363	0.098
轨道能量组成/%	Ni1	24.5	1.4	9.8	0.5
	N1	1.6	0.3	4.8	0.5
	O1	0.4	0.5	2.1	0.1
	O4	5.7	3.4	0.3	0.1
	O3	0.1	0.005	0.1	0.1
	O5	4.2	2.3	0.1	0.1
	S1	1.3	0.6	1.0	0.1

由表 4−10 可得，1,2− 双 (2− 甲氧基 −6− 甲酰基苯氧基) 乙烷缩牛磺酸席夫碱镍配合物 $NiL^3 \cdot 2CH_3OH$ 的分子总能量 E_{total} = −4 020.268 a.u.，偶极矩 M = 10.765 8 D，E_{HOMO-1}、E_{HOMO}、E_{LUMO}、E_{LUMO+1} 分别为 −0.227 a.u.、−0.226 a.u.、−0.084 a.u.、−0.072 a.u.，$E_{HOMO} - E_{LUMO}$ =0.142 a.u.。上述分子轨道的能量及配合物分子的总能量都是负值，证明了分子的稳定性：具有较小能带间隙的物质容易极化，具有较好的化学反应活性，物质内部发生电荷的转移较为容易。

如图 4-13 所示，4 个分子轨道 (HOMO-1、HOMO、LUMO、LUMO+1) 的分布呈现出较为均匀的特征，显示出较高的电子离域化程度，HOMO、LUMO 主要分布在中心镍离子以及参与配位的氮、氧原子上。镍离子的 HOMO-1、HOMO、LUMO、LUMO+1 的轨道能量组成分别为 24.5 %、1.4 %、9.8 %、0.5 %；对于配位原子 O1、O4 及 N1，HOMO 的轨道能量组成分别为 0.5 %、3.4 %、0.3 %，对应的 LUMO 的轨道能量组成为 2.1 %、0.3 %、4.8 %。

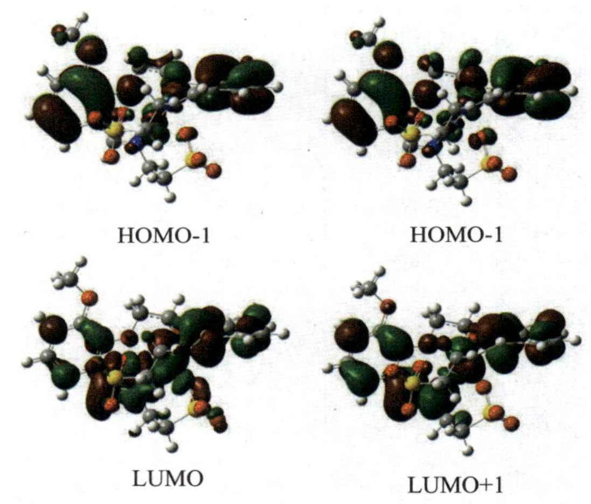

图 4-13　镍金属配合物 $NiL^3 \cdot 2CH_3OH$ 的前线轨道分布

4.4.3　分子静电势

静电势 (electrostatic potential) 与分子的电子密度紧密相关，在理解亲电亲核反应 (electrophilic or nucleophilicreaction)、分子识别 (molecular recognition)、药物设计及酶 - 底物相互作用等方面具有重要意义。本节基于优化的 1,2- 双 (2- 甲氧基 -6- 甲酰基苯氧基) 乙烷缩牛磺酸席夫碱镍配合物 $NiL^3 \cdot 2CH_3OH$ 的结构，计算得到的分子表面静电势如图 4-14 所示。

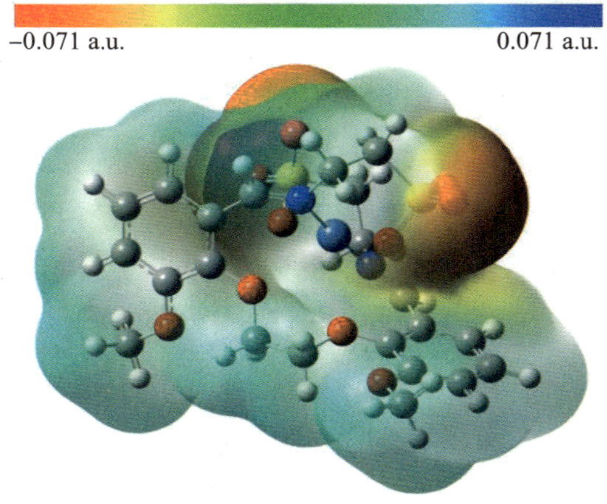

图 4-14 镍金属配合物 $NiL^3 \cdot 2CH_3OH$ 的分子表面静电势

由图 4-14 可知，配合物并没有出现静电势大于 0.071 a.u. 的区域，这表明配合物分子上不存在发生亲核反应的反应位点；O2、O3 原子的静电势分别为 -0.069 a.u. 、-0.070 a.u.。O2、O3 具有较大的负电荷，因此可以推断，O2、O3 是整个配合物分子中最容易发生亲核反应的活性位点。

4.5 小　结

本章以 1,2- 双 (2- 甲氧基 -6- 甲酰基苯氧基) 乙烷和牛磺酸为原料，合成了对称双氨基酸席夫碱配体 (K_2L^3) 及其对应的一系列金属配合物，同时制得镍配合物的晶体。

本章通过多种分析测试手段表征了配体及对应的金属配合物。配合物的组成为 $M(C_{22}H_{26}N_2O_{10}S_2) \cdot 2CH_3OH$(M = Zn、Ni、Co、Mn、Cu、Cd)。每一个金属原子与 1,2- 双 (2- 甲氧基 -6- 甲酰基苯氧基) 乙烷缩牛磺酸配体 (L^3) 形成配合，并通过配体的两个醚氧、磺酸基上的两个羟基氧以

及席夫碱结构的 >C═N— 上的两个氮原子与之配位，构成了 2N + 4O 的六齿中性扭曲的八面体结构。

本章基于 $NiL^3 \cdot 2CH_3OH$ 的晶体学结构，利用密度泛函理论 (DFT) 的 B3LYP 方法，结合 6−31+G* 机组，对分子结构进行了量子化学计算。计算结果表明，该分子具有较小的能带间隙，分子内部比较容易发生电荷转移过程，同时配合物分子上存在着容易发生亲核反应的活性位点。

第 5 章

配合物光催化降解有机染料活性研究

5.1 引　言

随着社会的快速发展，化学工业也取得了很大的进步，但生产过程中排放的有机染料废水一旦流入环境水体中，便会对自然水体造成污染。有机染料废水是工业有害废水种类之一，具有色度高、排放量较大、有毒等特点。废水中的有机染料能够吸收光线，会显著降低水体的透明度。水中的氧气会被大量消耗，导致水体严重缺氧。这种缺氧的水体环境会严重影响水生生物的生长，破坏水体的自净能力。此外，有机染料的存在还会造成视觉污染。近年来，席夫碱金属配合物作为催化剂在光催化降解有机染料方面的应用研究受到了广泛关注，这种方法具有催化效率高、无毒以及生产消耗低等优点。金属配合物中的氮和氧配位原子在紫外线的照射下，会发生配位原子向金属离子电荷转移的过程 (OMCT 和 NMCT)，处于激发态的配合物夺取水分子的一个电子产生大量的 · OH 自由基，从而将有机染料氧化而脱色。席夫碱金属配合物因其结构多样、合成简便、催化性能优良等特点，在光催化降解有机染料领域受到关注。处理染料废水不仅有助于减轻环境污染、维护生态平衡，还能实现水的回收利用，对节约宝贵的水资源具有积极意义。

本章选取 1,2- 双 (2- 甲氧基 -6- 甲酰基苯氧基) 乙烷缩 L- 色氨酸席夫碱金属配合物 $M(C_{40}H_{36}N_4O_8)\cdot 3CH_3OH$ [M = Zn(II)、Ni(II)、Co(II)] 以及 1,2- 双 (2- 甲氧基 -6- 甲酰基苯氧基) 乙烷缩牛磺酸席夫碱镍金属配合物 $Ni(C_{22}H_{26}N_2O_{10}S_2)\cdot 2CH_3OH$ 为研究对象，采用紫外吸收光谱法研究了它们对 3 种常见有机染料 (亚甲基蓝、罗丹明 B、甲基紫) 的光催化降解性能，并探讨了其可能的光催化降解机理，为寻找高效、高选择性的光催化降解有机染料的金属配合物的设计、合成提供新的思路及理论支持。

5.2 实　　验

5.2.1 化学试剂

实验所用化学试剂见表 5-1。

表 5-1　化学试剂

名称	纯度	生产厂家
亚甲基蓝	AR	国药集团化学试剂有限公司
罗丹明 B	AR	国药集团化学试剂有限公司
甲基紫	AR	国药集团化学试剂有限公司

5.2.2 主要仪器及测试条件

实验所用主要仪器见表 5-2。

表 5-2　实验仪器

仪器	型号
紫外 - 可见分光光度计	Shimadzu UV 2550 双光束紫外 - 可见光分光光度计
离心机	TG16-WS 台式高速离心机

续表

仪器	型号
紫外线高压汞灯	手提式 400 W 无影胶固化灯
X- 射线粉末衍射仪	Shimadzu XRD-6100

5.2.3　配合物的合成

实验所用的配合物 1,2- 双 (2- 甲氧基 -6- 甲酰基苯氧基) 乙烷缩 L- 色氨酸席夫碱金属配合物 $M(C_{40}H_{36}N_4O_8)\cdot 3CH_3OH$[(M = Zn(II)、Ni(II)、Co(II)] 以及 1,2- 双 (2- 甲氧基 -6- 甲酰基苯氧基) 乙烷缩牛磺酸席夫碱镍金属配合物 $Ni(C_{22}H_{26}N_2O_{10}S_2)\cdot 2CH_3OH$，按照本书第 2 章及第 4 章的合成方法合成。

5.2.4　有机染料溶液的配制

分别称取一定量的亚甲基蓝 (MB)、罗丹明 B (RhB) 以及甲基紫 (MV) 溶于蒸馏水中，配制成浓度为 6 mg/L 的溶液，避光保存。

5.2.5　配合物光催化降解有机染料的研究

室温条件下，分别称取 50 mg 的配合物加入盛有 150 mL 有机染料水溶液的夹套杯中，在紫外线照射之前，避光条件下磁力搅拌 30 min，以期达到配合物对有机染料的吸附与解吸附的平衡。

首先，夹套杯通入循环冷凝水，在磁力搅拌条件下，将混合物置于 400 W 高压汞灯下照射，保持光源与容器之间的距离为 30 cm；其次，每隔一段时间，使用移液枪从容器中取出 5 mL 反应溶液于离心管中，离心机高速离心使悬浮的粉末沉于离心管底部；最后，使用紫外吸收光谱法测定不同溶液体系的 500 ～ 700 nm (MB)、450 ～ 650 nm (RhB)、400 ～ 700 nm (MV) 范围内的紫外光谱吸收曲线，同时将不加入配合物的实验作为空白组。

5.3 结果与讨论

5.3.1 X-射线粉末衍射分析

在室温下，利用 Shimadzu XRD-6100 型 X-射线粉末衍射仪对合成的配合物做了 PXRD 测试，结果如图 5-1 至图 5-4 所示。

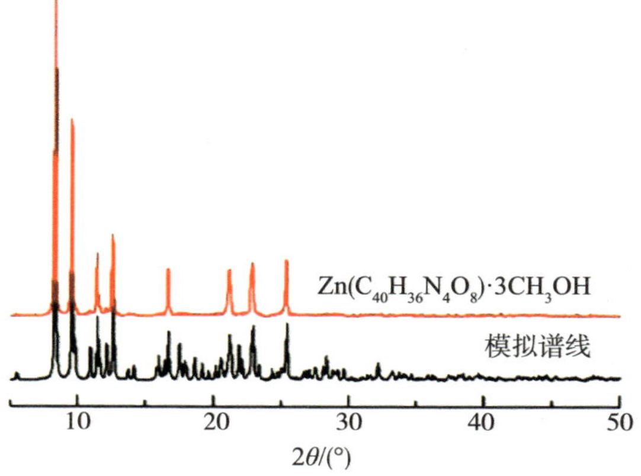

图 5-1 配合物 $Zn(C_{40}H_{36}N_4O_8)\cdot 3CH_3OH$ 的 PXRD 粉末衍射图

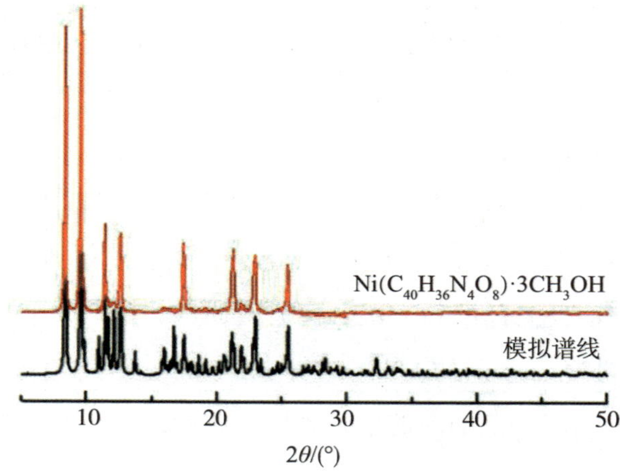

图 5-2 配合物 $Ni(C_{40}H_{36}N_4O_8)\cdot 3CH_3OH$ 的 PXRD 粉末衍射图

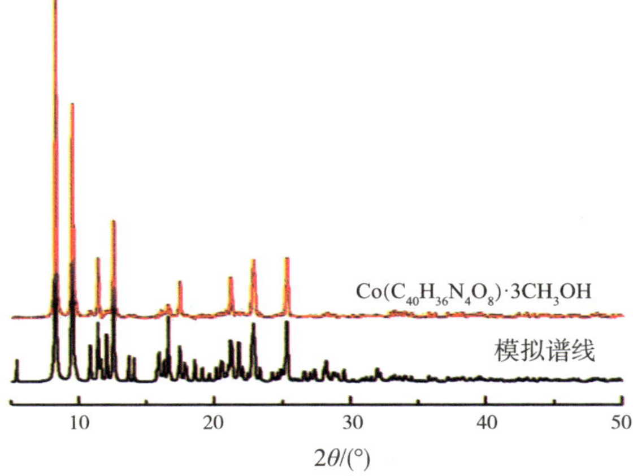

图 5-3　配合物 $Co(C_{40}H_{36}N_4O_8)\cdot 3CH_3OH$ 的 PXRD 粉末衍射图

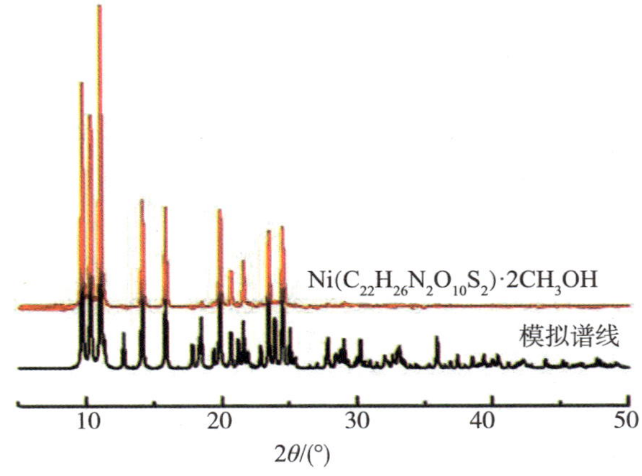

图 5-4　配合物 $Ni(C_{22}H_{26}N_2O_{10}S_2)\cdot 2CH_3OH$ 的 PXRD 粉末衍射图

由图 5-1 至图 5-4 可知，通过金属配合物 $Zn(C_{40}H_{36}N_4O_8)\cdot 3CH_3OH$、$Ni(C_{40}H_{36}N_4O_8)\cdot 3CH_3OH$、$Co(C_{40}H_{36}N_4O_8)\cdot 3CH_3OH$ 以及 $Ni(C_{22}H_{26}N_2O_{10}S_2)\cdot 2CH_3OH$ 的实验测试的样品谱线与通过晶体结构数据而模拟出来的谱线吻合程度较高，这说明所合成的样品纯度较高。

5.3.2 配合物对亚甲基蓝的光催化降解研究

1. 配合物 $Zn(C_{40}H_{36}N_4O_8)\cdot 3CH_3OH$ 对亚甲基蓝的光催化降解研究

如图 5-5 所示，实验每隔 30 min 从溶液体系中取出 5 mL 溶液于离心管中，离心机高速离心使悬浮的粉末沉于离心管底部，随后测定上层清液的紫外吸收光谱。加入配合物 $Zn(C_{40}H_{36}N_4O_8)\cdot 3CH_3OH$ 的亚甲基蓝溶液在紫外线的照射下，其吸光度随着时间的增加而减小，即亚甲基蓝溶液的浓度随着紫外线照射时间的增加而逐渐变小。经历 30 min、60 min、90 min、120 min、150 min、180 min 的照射时间，配合物 $Zn(C_{40}H_{36}N_4O_8)\cdot 3CH_3OH$ 对亚甲基蓝的降解率分别达到 17 %、35 %、54 %、67 %、79 %、84 %。以上分析表明，在紫外线的照射下，配合物 $Zn(C_{40}H_{36}N_4O_8)\cdot 3CH_3OH$ 对亚甲基蓝具有较高的光催化降解活性。

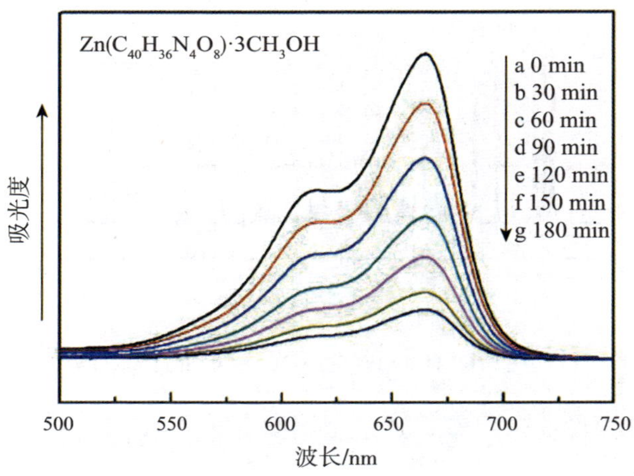

图 5-5 加入配合物 $Zn(C_{40}H_{36}N_4O_8)\cdot 3CH_3OH$ 的亚甲基蓝溶液的紫外光谱图

2. 配合物 $Ni(C_{40}H_{36}N_4O_8)\cdot 3CH_3OH$ 对亚甲基蓝的光催化降解研究

如图 5-6 所示，从溶液体系中取出待测溶液的时间间隔为 20 min。

加入配合物 $Ni(C_{40}H_{36}N_4O_8)\cdot 3CH_3OH$ 的亚甲基蓝溶液在紫外线的照射下，其浓度随着紫外线照射时间的增加而逐渐变小。经历 20 min、40 min、60 min、80 min、100 min、120 min、140 min 的照射时间，配合物 $Ni(C_{40}H_{36}N_4O_8)\cdot 3CH_3OH$ 对亚甲基蓝的降解率分别达到 29 %、53 %、66 %、76 %、85 %、91 %、95 %。以上分析表明，在紫外线的照射下，配合物 $Ni(C_{40}H_{36}N_4O_8)\cdot 3CH_3OH$ 对亚甲基蓝具有较高的光催化降解活性。

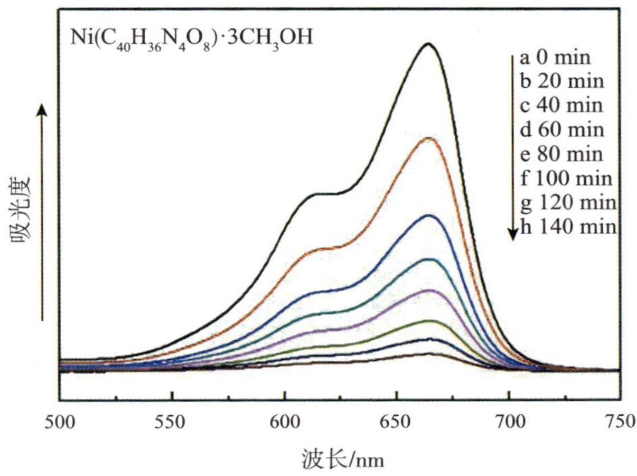

图 5-6　加入配合物 $Ni(C_{40}H_{36}N_4O_8)\cdot 3CH_3OH$ 的亚甲基蓝溶液的紫外吸收光谱图

3. 配合物 $Co(C_{40}H_{36}N_4O_8)\cdot 3CH_3OH$ 对亚甲基蓝的光催化降解研究

如图 5-7 所示，从溶液体系中取出待测溶液的时间间隔为 15 min。加入配合物 $Co(C_{40}H_{36}N_4O_8)\cdot 3CH_3OH$ 的亚甲基蓝溶液在紫外线的照射下，其浓度随着紫外线照射时间的增加而逐渐变小。经历 15 min、30 min、45 min、60 min、75 min、90 min 的照射时间，配合物 $Co(C_{40}H_{36}N_4O_8)\cdot 3CH_3OH$ 对亚甲基蓝的降解率分别达到 30 %、56 %、69 %、79 %、86 %、90 %。以上分析表明，在紫外线的照射下，配合物

$Co(C_{40}H_{36}N_4O_8)\cdot 3CH_3OH$ 对亚甲基蓝具有较高的光催化降解活性。

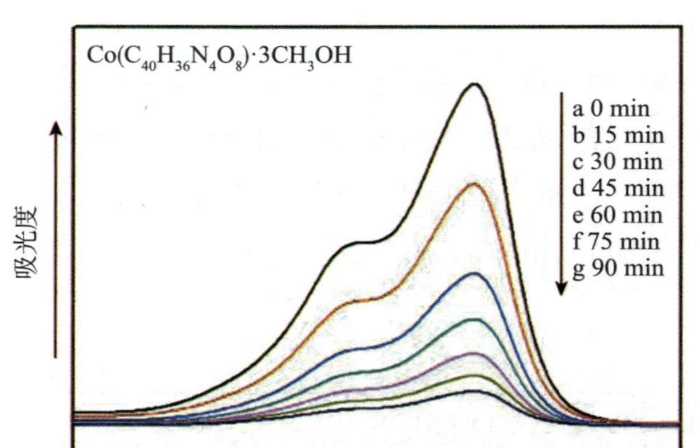

图 5-7　加入配合物 $Co(C_{40}H_{36}N_4O_8)\cdot 3CH_3OH$ 的亚甲基蓝溶液的紫外吸收光谱图

4. 配合物 $Ni(C_{22}H_{26}N_2O_{10}S_2)\cdot 2CH_3OH$ 对亚甲基蓝的光催化降解研究

如图 5-8 所示，从溶液体系中取出待测溶液的时间间隔为 20 min。加入配合物 Ni(C22H26N2O10S2)·2CH3OH 的亚甲基蓝溶液在紫外线的照射下，其浓度随着紫外线照射时间的增加而逐渐变小。经历 20 min、40 min、60 min、80 min、100 min、120 min、140 min 的照射时间，配合物 $Ni(C_{22}H_{26}N_2O_{10}S_2)\cdot 2CH_3OH$ 对亚甲基蓝的降解率分别达到 13 %、31 %、46 %、63 %、76 %、85 %、93 %。以上分析表明，在紫外线的照射下，配合物 $Ni(C_{22}H_{26}N_2O_{10}S_2)\cdot 2CH_3OH$ 对亚甲基蓝具有较高的光催化降解活性。

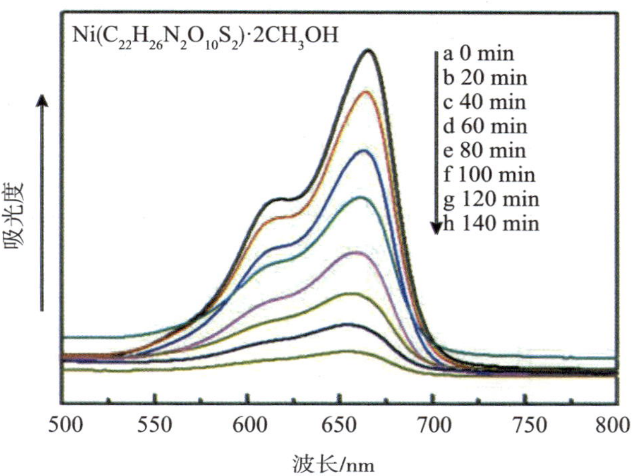

图 5-8 加入配合物 $Ni(C_{22}H_{26}N_2O_{10}S_2)\cdot 2CH_3OH$ 的亚甲基蓝溶液的紫外光谱图

5. 配合物对亚甲基蓝光催化降解活性的对比研究

图 5-9 中的配合物 1 ～ 4 分别指 $Zn(C_{40}H_{36}N_4O_8)\cdot 3CH_3OH$、$Ni(C_{40}H_{36}N_4O_8)\cdot 3CH_3OH$、$Co(C_{40}H_{36}N_4O_8)\cdot 3CH_3OH$ 及 $Ni(C_{22}H_{26}N_2O_{10}S_2)\cdot 2CH_3OH$。由图 5-9 可知，加入配合物 $Zn(C_{40}H_{36}N_4O_8)\cdot 3CH_3OH$ 的亚甲基蓝溶液在经历了紫外线 180 min 照射下，亚甲基蓝的降解率达到了 84 %；加入配合物 $Ni(C_{40}H_{36}N_4O_8)\cdot 3CH_3OH$ 的亚甲基蓝溶液在经历了紫外线 100 min 照射下，亚甲基蓝的降解率达到了 85 %；加入配合物 $Co(C_{40}H_{36}N_4O_8)\cdot 3CH_3OH$ 的亚甲基蓝溶液在经历了紫外线 90 min 照射下，亚甲基蓝的降解率达到了 90 %；加入配合物 $Ni(C_{22}H_{26}N_2O_{10}S_2)\cdot 2CH_3OH$ 的亚甲基蓝溶液在经历了紫外线 140 min 照射下，亚甲基蓝的降解率达到了 93 %。空白组为不加入配合物的亚甲基蓝溶液，在经历了紫外线 180 min 照射下，亚甲基蓝的降解率仅达到了 7 %。以上分析表明，在紫外线的照射下，上述金属配合物对亚甲基蓝均具有较好的光催化降解活性，上述 4 种金属配合物的活性顺序为 $Co(C_{40}H_{36}N_4O_8)\cdot 3CH_3OH > Ni(C_{40}H_{36}N_4O_8)\cdot 3CH_3OH > Ni(C_{22}H_{26}N_2O_{10}S_2)\cdot 2CH_3OH > Zn(C_{40}H_{36}N_4O_8)\cdot 3CH_3OH$。

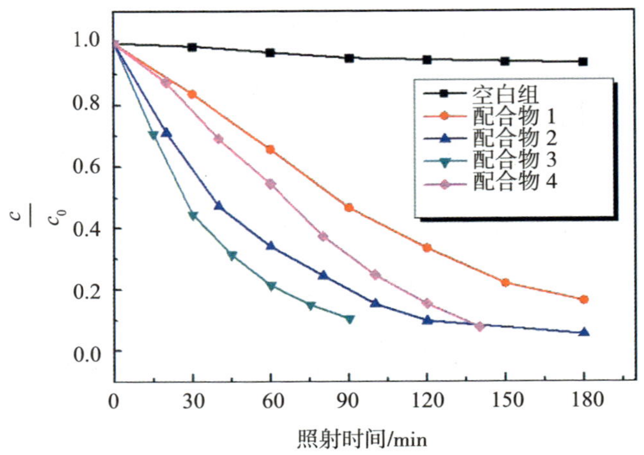

图 5-9 亚甲基蓝溶液的浓度比（$\frac{c}{c_0}$）与紫外线照射时间的关系

5.3.3 配合物对罗丹明 B 的光催化降解研究

1. 配合物 $Zn(C_{40}H_{36}N_4O_8)\cdot 3CH_3OH$ 对罗丹明 B 的光催化降解研究

如图 5-10 所示，实验每隔 30 min 从溶液体系中取出 5 mL 溶液于离心管中，离心机高速离心使悬浮的粉末沉于离心管底部，随后测定上层清液的紫外吸收光谱。加入配合物 $Zn(C_{40}H_{36}N_4O_8)\cdot 3CH_3OH$ 的罗丹明 B 溶液在紫外线的照射下，其吸光度随着时间的增加而缓慢减小，即罗丹明 B 溶液的浓度随着紫外线照射时间的增加而逐渐变小，但是减小的幅度并不明显。经历 30 min、60 min、90 min、120 min、150 min、180 min 的照射时间，配合物 $Zn(C_{40}H_{36}N_4O_8)\cdot 3CH_3OH$ 对罗丹明 B 的降解率分别达到 9 %、18 %、21 %、24 %、28 %、32 %。以上分析表明，在紫外线的照射下，配合物 $Zn(C_{40}H_{36}N_4O_8)\cdot 3CH_3OH$ 对罗丹明 B 具有较差的光催化降解活性。

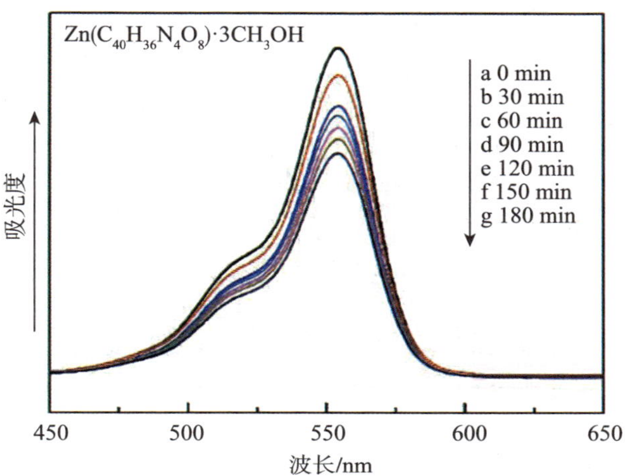

图 5-10　加入配合物 $Zn(C_{40}H_{36}N_4O_8)\cdot 3CH_3OH$ 的罗丹明 B 溶液的紫外光谱图

2. 配合物 $Ni(C_{40}H_{36}N_4O_8)\cdot 3CH_3OH$ 对罗丹明 B 的光催化降解研究

如图 5-11 所示，从溶液体系中取出待测溶液的时间间隔为 20 min。加入配合物 $Ni(C_{40}H_{36}N_4O_8)\cdot 3CH_3OH$ 的罗丹明 B 溶液在紫外线的照射下，其浓度随着紫外线照射时间的增加而逐渐变小。经历 20 min、40 min、60 min、80 min、100 min、120 min、140 min 的照射时间，配合物 $Ni(C_{40}H_{36}N_4O_8)\cdot 3CH_3OH$ 对罗丹明 B 的降解率分别达到 26 %、40 %、53 %、66 %、81 %、88 %、91 %。以上分析表明，在紫外线的照射下，配合物 $Ni(C_{40}H_{36}N_4O_8)\cdot 3CH_3OH$ 对罗丹明 B 具有较高的光催化降解活性。

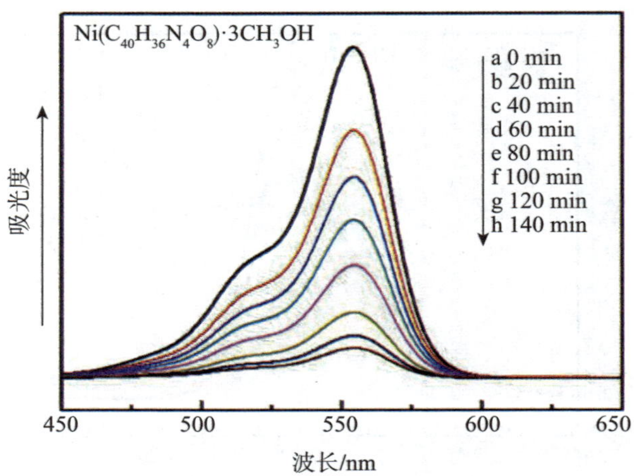

图 5-11　加入配合物 Ni($C_{40}H_{36}N_4O_8$)·3CH_3OH 的罗丹明 B 溶液的紫外光谱图

3. 配合物 Co($C_{40}H_{36}N_4O_8$)·3CH_3OH 对罗丹明 B 的光催化降解研究

如图 5-12 所示，从溶液体系中取出待测溶液的时间间隔为 15 min。加入配合物 Co($C_{40}H_{36}N_4O_8$)·3CH_3OH 的罗丹明 B 溶液在紫外线的照射下，其浓度随着紫外线照射时间的增加而逐渐变小。经历 15 min、30 min、45 min、60 min、75 min、90 min 的照射时间后，配合物 Co($C_{40}H_{36}N_4O_8$)·3CH_3OH 对罗丹明 B 的降解率分别达到 34 %、56 %、66%、76 %、85 %、91 %。以上分析表明，在紫外线的照射下，配合物 Co($C_{40}H_{36}N_4O_8$)·3CH_3OH 对罗丹明 B 具有较高的光催化降解活性。

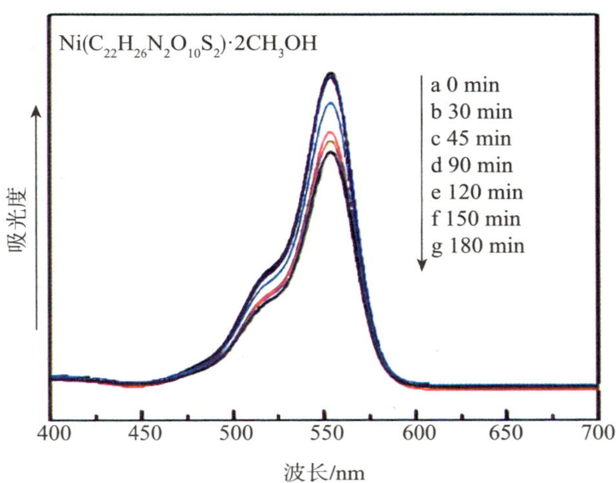

图 5-12　加入配合物 $Co(C_{40}H_{36}N_4O_8)\cdot 3CH_3OH$ 的罗丹明 B 溶液的紫外光谱图

4. 配合物 $Ni(C_{22}H_{26}N_2O_{10}S_2)\cdot 2CH_3OH$ 对罗丹明 B 的光催化降解研究

如图 5-13 所示，实验每隔 30 min 从溶液体系中取出 5 mL 溶液于离心管中，离心机高速离心使悬浮的粉末沉于离心管底部，随后测定上层清液的紫外吸收光谱。加入配合物 $Ni(C_{22}H_{26}N_2O_{10}S_2)\cdot 2CH_3OH$ 的罗丹明 B 溶液在紫外线的照射下，其浓度随着紫外线照射时间的增加而逐渐变小，但是减小的幅度并不明显。经历 30 min、60 min、90 min、120 min、150 min、180 min 的照射时间，配合物 $Ni(C_{22}H_{26}N_2O_{10}S_2)\cdot 2CH_3OH$ 对罗丹明 B 的降解率分别达到 2 %、4 %、10 %、20 %、22 %、26 %。上述分析表明，在紫外线的照射下，配合物 $Ni(C_{22}H_{26}N_2O_{10}S_2)\cdot 2CH_3OH$ 对罗丹明 B 具有较差的光催化降解活性。

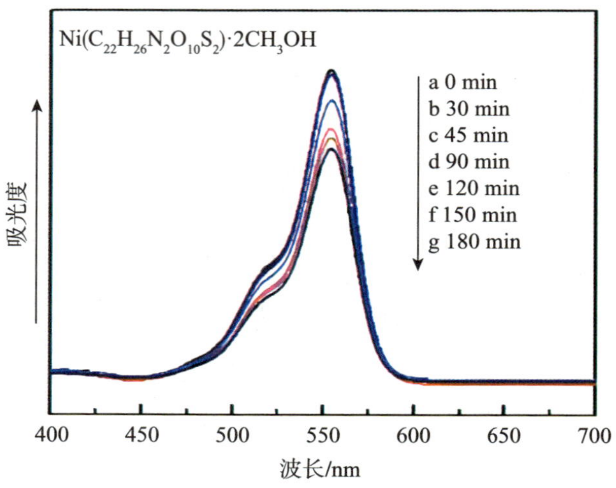

图 5-13　加入配合物 $Ni(C_{22}H_{26}N_2O_{10}S_2)\cdot 2CH_3OH$ 的罗丹明 B 溶液的紫外光谱图

5. 配合物对罗丹明 B 光催化降解活性的对比研究

图 5-14 中的配合物 1～4 分别是 $Zn(C_{40}H_{36}N_4O_8)\cdot 3CH_3OH$、$Ni(C_{40}H_{36}N_4O_8)\cdot 3CH_3OH$、$Co(C_{40}H_{36}N_4O_8)\cdot 3CH_3OH$ 及 $Ni(C_{22}H_{26}N_2O_{10}S_2)\cdot 2CH_3OH$。由图 5-14 可知，加入配合物 $Zn(C_{40}H_{36}N_4O_8)\cdot 3CH_3OH$ 的罗丹明 B 溶液在经历了紫外线 180 min 照射下，罗丹明 B 的降解率达到了 32 %；加入配合物 $Ni(C_{40}H_{36}N_4O_8)\cdot 3CH_3OH$ 的罗丹明 B 溶液在经历了紫外线 140 min 照射下，罗丹明 B 的降解效率达到了 91 %；加入配合物 $Co(C_{40}H_{36}N_4O_8)\cdot 3CH_3OH$ 的罗丹明 B 溶液在经历了紫外线 90 min 照射下，罗丹明 B 的降解效率达到了 91 %；加入配合物 $Ni(C_{22}H_{26}N_2O_{10}S_2)\cdot 2CH_3OH$ 的罗丹明 B 溶液在经历了紫外线 180 min 照射下，罗丹明 B 的降解效率达到了 26 %；空白组为不加入配合物的罗丹明 B 溶液，在经历了紫外线 180 min 照射下，罗丹明 B 的降解率仅达到了 12 %。以上分析表明，在紫外线的照射下，配合物 $Zn(C_{40}H_{36}N_4O_8)\cdot 3CH_3OH$ 及 $Ni(C_{22}H_{26}N_2O_{10}S_2)\cdot 2CH_3OH$ 对罗丹明 B 的光催化降解能力较差；配合物 $Ni(C_{40}H_{36}N_4O_8)\cdot 3CH_3OH$ 及

$Co(C_{40}H_{36}N_4O_8)\cdot 3CH_3OH$ 对罗丹明 B 具有较好的光催化降解活性，后者的活性优于前者。

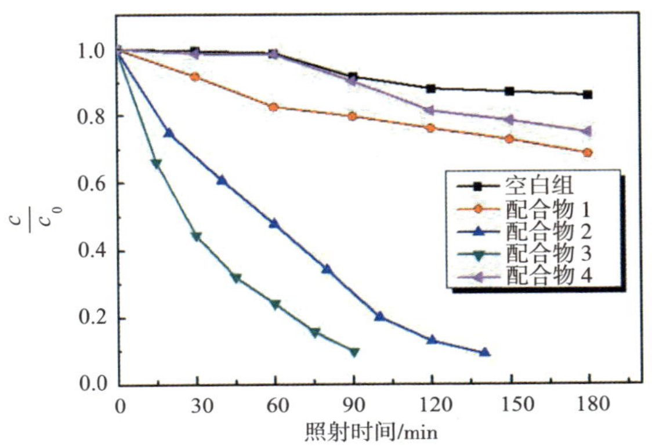

图 5-14　罗丹明 B 溶液的浓度比 (c/c_0) 与紫外线照射时间的关系

5.3.4　配合物对甲基紫的光催化降解研究

如图 5-15 至图 5-19 所示，分别加入 $Zn(C_{40}H_{36}N_4O_8)\cdot 3CH_3OH$、$Ni(C_{40}H_{36}N_4O_8)\cdot 3CH_3OH$、$Co(C_{40}H_{36}N_4O_8)\cdot 3CH_3OH$ 及 $Ni(C_{22}H_{26}N_2O_{10}S_2)\cdot 2CH_3OH$ 配合物的甲基紫溶液在紫外线的照射下，其浓度随着紫外线照射时间的增加而缓慢变小甚至基本上没有发生变化。

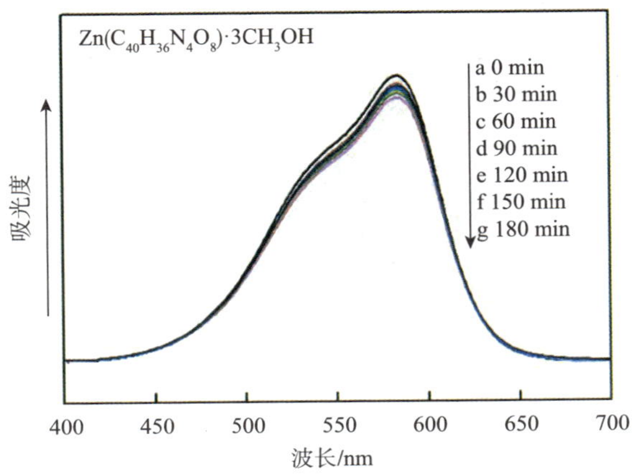

图 5-15　加入配合物 $Zn(C_{40}H_{36}N_4O_8)\cdot 3CH_3OH$ 的甲基紫溶液的紫外光谱图

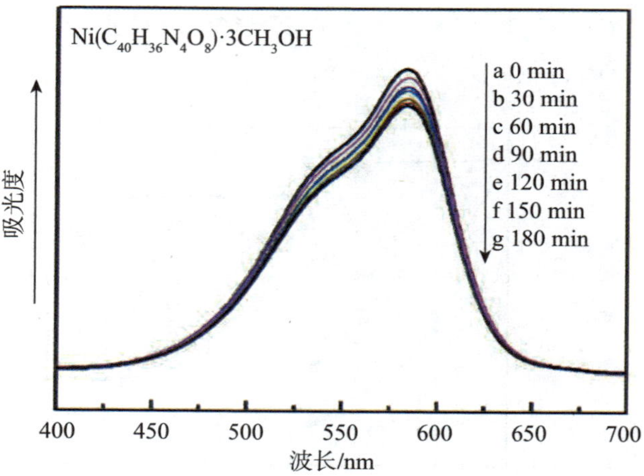

图 5-16　加入配合物 $Ni(C_{40}H_{36}N_4O_8)\cdot 3CH_3OH$ 的甲基紫溶液的紫外光谱图

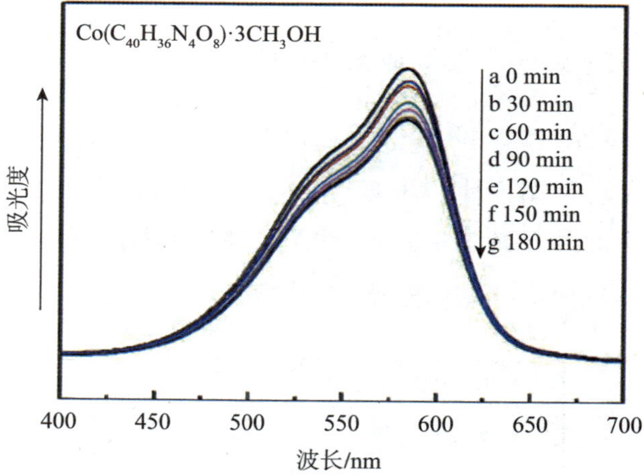

图 5-17　加入配合物 $Co(C_{40}H_{36}N_4O_8)\cdot 3CH_3OH$ 的甲基紫溶液的紫外光谱图

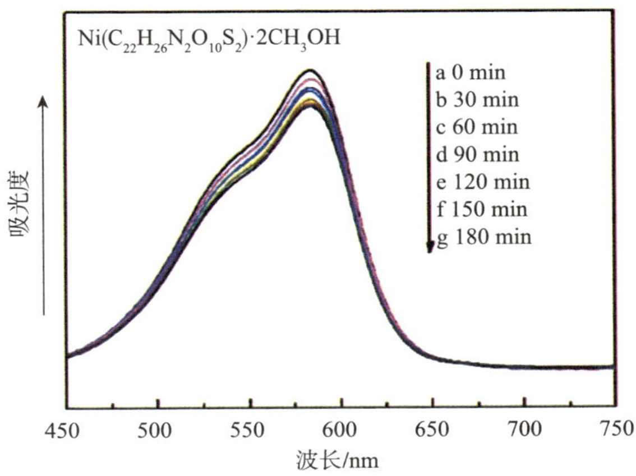

图 5-18　加入配合物 $Ni(C_{22}H_{26}N_2O_{10}S_2)\cdot 2CH_3OH$ 的甲基紫溶液的紫外光谱图

图 5-19 中的配合物 1 ～ 4 分别指 $Zn(C_{40}H_{36}N_4O_8)\cdot 3CH_3OH$、$Ni(C_{40}H_{36}N_4O_8)\cdot 3CH_3OH$、$Co(C_{40}H_{36}N_4O_8)\cdot 3CH_3OH$ 及 $Ni(C_{22}H_{26}N_2O_{10}S_2)\cdot 2CH_3OH$。由图 5-19 可知，经历了 180 min 的照射时间后，上述 4 种配合物对甲基紫的降解率均没有达到 20 %。以上分析表明，在紫外线的照射下，配合物 $Zn(C_{40}H_{36}N_4O_8)\cdot 3CH_3OH$、$Ni(C_{40}H_{36}N_4O_8)\cdot 3CH_3OH$、$Co(C_{40}H_{36}N_4O_8)\cdot 3CH_3OH$，以及 $Ni(C_{22}H_{26}N_2O_{10}S_2)\cdot 2CH_3OH$ 对甲基紫的光催化降解能力均较差。

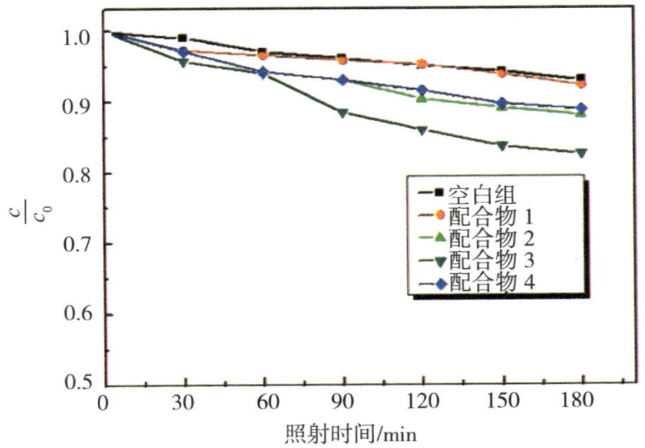

图 5-19　甲基紫溶液的浓度比（$\frac{c}{c_0}$）与紫外线照射时间的关系

5.3.5 配合物对亚甲基蓝、罗丹明 B 和甲基紫的光催化降解活性对比研究

图 5-20 中的配合物 1 ～ 4 分别指 $Zn(C_{40}H_{36}N_4O_8)\cdot 3CH_3OH$、$Ni(C_{40}H_{36}N_4O_8)\cdot 3CH_3OH$、$Co(C_{40}H_{36}N_4O_8)\cdot 3CH_3OH$ 及 $Ni(C_{22}H_{26}N_2O_{10}S_2)\cdot 2CH_3OH$。由图 5-20 可知，在紫外线的照射下，上述 4 种金属配合物对亚甲基蓝溶液均有较好的光催化降解活性，其活性顺序为 $Co(C_{40}H_{36}N_4O_8)\cdot 3CH_3OH > Ni(C_{40}H_{36}N_4O_8)\cdot 3CH_3OH > Ni(C_{22}H_{26}N_2O_{10}S_2)\cdot 2CH_3OH > Zn(C_{40}H_{36}N_4O_8)\cdot 3CH_3OH$；$Ni(C_{40}H_{36}N_4O_8)\cdot 3CH_3OH$ 及 $Co(C_{40}H_{36}N_4O_8)\cdot 3CH_3OH$ 对罗丹明 B 具有较好的光催化降解活性，后者的活性大于前者；4 种配合物对甲基紫的光催化降解活性均较弱。

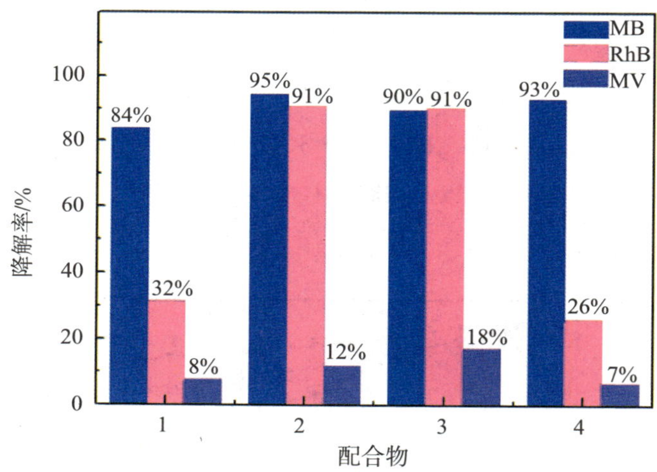

图 5-20　配合物对亚甲基蓝、罗丹明 B 和甲基紫溶液的降解率

5.3.6 配合物光催化降解有机染料的机理研究

金属配合物光催化降解有机染料的可能机理如图 5-21 所示，涉及的反应式如式 (5-1) 至式 (5-5) 所示。

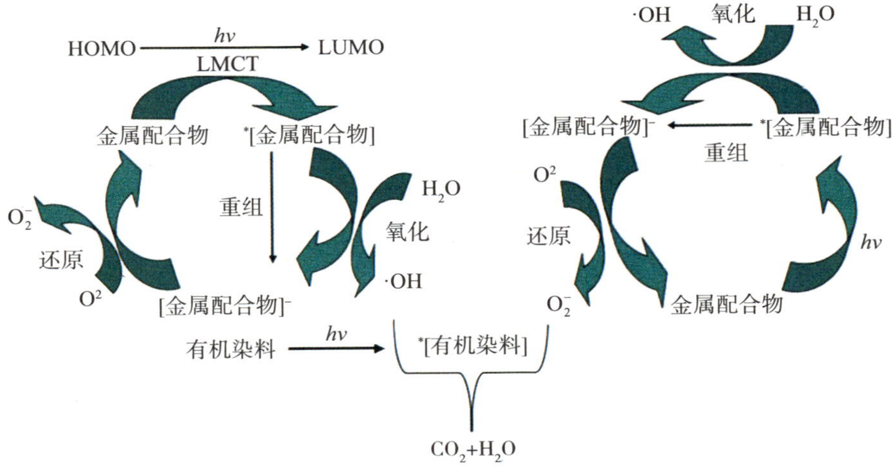

图 5-21 金属配合物光催化降解有机染料的可能机理

$$\text{金属配合物} \xrightarrow{h\nu} {}^{*}[\text{金属配合物}] \tag{5-1}$$

$${}^{*}[\text{金属配合物}]+H_2O \longrightarrow [\text{金属配合物}]^{-}+H^{+}+\cdot OH \tag{5-2}$$

$$[\text{金属配合物}]^{-}+O_2 \longrightarrow \text{金属配合物}+O_2^{-} \tag{5-3}$$

$$\text{有机染料} \xrightarrow{h\nu} {}^{*}[\text{有机染料}] \tag{5-4}$$

$${}^{*}[\text{有机染料}]+\cdot OH+O_2^{-} \longrightarrow CO_2\uparrow+H_2O \tag{5-5}$$

上述 4 种配合物分子内均含有 N 和 O 配位原子，在紫外线的照射下会发生有机配体向金属离子电荷转移的过程 (OMCT 和 NMCT)。此过程是通过促使电子从最高占有轨道 (HOMO) 转向最低未占有轨道 (LUMO) 的方式实现的，反应式如式 (5-1) 所示。此时最高占有轨道 (HOMO) 特别需要电子填充达到稳定状态，因此处于激发态的配合物分子便会夺取溶液水分子的一个电子产生 · OH，反应式如式 (5-2) 所示。式 (5-2) 所产生的配合物负离子相对稳定，但在氧气存在的条件下会被迅速氧化，完成催化剂的再生，反应式如式 (5-3) 所示。当溶液体系置于紫外线下，上述循环过程便会持续发生。此外，有机染料 (亚甲基蓝、罗丹明 B 及甲基紫）在紫外线的照射下会产生处于激发态的有机染料分子，反应式如式 (5-4) 所示。反应过程中生成的 · OH 和 O_2^- 会将处于激发态的有机染料分子氧化降解，反应式如式 (5-5) 所示。

5.4 小　　结

本章利用紫外吸收光谱法，研究了配合物 $Zn(C_{40}H_{36}N_4O_8)\cdot 3CH_3OH$、$Ni(C_{40}H_{36}N_4O_8)\cdot 3CH_3OH$、$Co(C_{40}H_{36}N_4O_8)\cdot 3CH_3OH$ 及 $Ni(C_{22}H_{26}N_2O_{10}S_2)\cdot 2CH_3OH$ 对 3 种有机染料（亚甲基蓝、罗丹明 B 及甲基紫）的光催化降解活性。实验结果表明，四种金属配合物对亚甲基蓝溶液均有较好的光催化降解活性；$Ni(C_{40}H_{36}N_4O_8)\cdot 3CH_3OH$ 及 $Co(C_{40}H_{36}N_4O_8)\cdot 3CH_3OH$ 对罗丹明 B 具有较好的光催化降解活性；4 种配合物对甲基紫的光催化降解活性均较弱。

本章还初步探讨了金属配合物光催化降解有机染料的机理：利用反应过程中生成的 · OH 和 O_2^- 把处于激发态的有机染料分子氧化降解。这将对设计新型的光催化材料提供一定的理论支持。

参考文献

[1] YAO Z J, JIN G X. Transition metal complexes based on carboranyl ligands containing N, P, and S donors:synthesis, reactivity and applications [J]. Coordination Chemistry Reviews, 2013, 257(17-18):2522-2535.

[2] KOROTKIKH N I, SABEROV V S, GLINYANAYA N V, et al. Catalysis of organic reactions by carbenes and carbene complexes [J]. Chemistry of Heterocyclic Compounds, 2013, 49(1):19-38.

[3] FLIEDEL C, BRAUNSTEIN P. Recent advances in S-functionalized N-heterocyclic carbene ligands:from the synthesis of azolium salts and metal complexes to applications [J]. Journal of Organometallic Chemistry, 2014, 751:286-300.

[4] KISS T. From Coordination chemistry to biological chemistry of aluminium [J]. Journal of Inorganic Biochemistry, 2013, 128:156-163.

[5] DU M, BU X H. Coordination polymers towards advanced functions [J]. Progress in Chemistry, 2009, 21(11):2458-2464.

[6] SHARPLES J W, COLLISON D. Coordination compounds and the magnetocaloric effect [J]. Polyhedron, 2013, 54:91-103.

[7] BIENEMANN O, HOFFMANN A, HERRES-PAWLIS S.(Guanidine)copper complexes:structural variety and application in bioinorganic chemistry and catalysis [J]. Reviews in Inorganic Chemistry, 2011, 31(1):83-108.

[8] 汪丰云，顾家山，王晓锋，等 . 配位化学的发展史 [J]. 化学教育，2011，32(2)：75-77.

[9] GIANNESCHI N C, MASAR M S, MIRKIN C A. Development of a coordination chemistry-based approach for functional supramolecular structures

[J]. Accounts of Chemical Research, 2005, 38(11):825−837.

[10] 李海鹏，朱有兰．配位化学的地位和发展趋势 [J]. 广东工学院学报，1996，13(2)：52−57.

[11] 孟庆金，戴安邦．配位化学的创始与现代化 [J]. 无机化学学报，1995，11(3):219−227.

[12] 肖珊美，配位化学今昔 [J]. 浙江师大学报（自然科学版），2001，24(3)：272−275.

[13] ABI T G, KARMAKAR T, TARAPHDER S. Understanding proton affinity of tyrosine sidechain in hydrophobic confinement [J]. Journal of Chemical Sciences, 2012, 124(1):59−63.

[14] ZHANG X, FREZZA M, MILACIC V, et al. Inhibition of tumor proteasome activity by gold–dithiocarbamato complexes via both redox−dependent and −independent processes [J]. Journal of Cellular Biochemistry, 2010, 109(1):162−172.

[15] ZHANG Z, BI C F, BUAC D, et al. Organic cadmium complexes as proteasome inhibitors and apoptosis inducers in human breast cancer cells [J]. Journal of Inorganic Biochemistry, 2013, 123:1−10.

[16] HESHMATPOUR F, RAYATI S, HAJIABBAS M A, et al.Synthesis, characterization, and catalytic performance in oxidation of styrene and α−methyl styrene of a Nickel(II) complex derived from a schiff base ligand [J]. Zeitschrift für Anorganische und Allgemeine Chemie, 2011, 637(9):1224−1228.

[17] BAL S, BAL S S. Schiff base ligands derived from 2−pyridinecarboxaldehyde and its complexes:characterization, thermal, electrochemical, and catalytic activity results [J]. Monatshefte für Chemie−Chemical Monthly, 2015, 146(6):903−912.

[18] MOBINIKHALEDI A, ZENDEHDEL M, HOSSEINI−GHAZVINI S M, et al. P. Encapsulation of a copper(II) tetradentate Schiff base complex

in zeolite NaY:an efficient heterogeneous catalyst for the synthesis of benzimidazoles [J]. Transition Metal Chemistry, 2015, 40(3):313−320.

[19] NEIO A A, KOLAWOLE G A, DUNBELE M C, et al. Spectral, magnetic, biological, and thermal studies of metal(II)complexes of some unsymmetrical Schiff bases [J]. Journal of Coordination Chemistry, 2010, 63(24):4367−437 9.

[20] LIU B, CHAI J, FANG S S, et al. Structure, photochemistry and magnetic properties of tetrahydrogenated Schiff base chromium(III)complexes [J]. Spectrochimica Acta Part A :Molecular & Biomolecular Spectroscopy, 2015, 140:437−443.

[21] SRINIVASAN K, SANKARANARAYANAN K, THANGAVELU S, et al. Influence of organic solvents on the habit of NMBA(4−nitro−4′−methyl benzylidene aniline)crystals [J]. Journal of Crystal Growth, 2000, 212(1−2):246−254.

[22] MHO S, JOHNSON D C. Electrocatalytic response of amino acids at Cu−Mn alloy electrodes [J]. Journal of Electroanalytical Chemistry, 2001, 495(2):152−159.

[23] SCHIFF H. Mittheilungen aus dem universitatslaboratorium in Pisa:eine neue reihe organischer basen [J]. Justus Liebigs Annalen der Chemie, 1864, 131(1):118−119.

[24] TYAGI M, CHANDRA S, TYAGI P. Mn(II) and Cu(II) complexes of a bidentate Schiff′s base ligand:Spectral, thermal, molecular modelling and mycological studies [J]. Spectrochimica Acta Part A:Molecular and Biomolecular Spectroscopy, 2014, 117:1−8.

[25] MOBINIKHALED A, ZENDEHDEL M, SAFARI P. Synthesis and characterization of some novel transition metal Schiff base complexes encapsulated in zeolite Y:effective catalysts for the selective oxidation of benzyl alcohol [J]. Reaction Kinetics, Mechanisms and Catalysis, 2013,

110(2):497−514.

[26] SINGH V P, SINGH S, SINGH D P, et al. Synthesis, spectroscopic (electronic, IR, NMR and ESR) and theoretical studies of transition metal complexes with some unsymmetrical Schiff bases [J]. Journal of Molecular Structure, 2014, 1058 :71−78.

[27] UPADHYAY A, VAIDYA S, VENKATASAI V S, et al. Synthesis and characterization of 3d and 4f metal complexes of Schiff base ligands [J]. Polyhedron, 2013, 66:87–96.

[28] LEKHA L, RAJA K K, RAJAGOPAL G, et al. Schiff base complexes of rare earth metal ions:synthesis, characterization and catalytic activity for the oxidation of aniline and substituted anilines [J]. Journal of Organometallic Chemistry, 2014, 753:72−80.

[29] DU L C. Synthesis and luminescent properties of magnesium complex with Schiff−base ligands [J]. Advanced Materials Research, 2011, 322, 333−336.

[30] FAN L, LI T R, WANG B D, et al. A colorimetric and turn−on fluorescent chemosensor for Al(III) based on a chromone Schiff−base [J]. Spectrochima Acta Part A:Molecular and Biomolecular Spectroscopy, 2014, 118:760−764.

[31] RAO G K, KUMAR A, SINGH M P, et al. Influence of pendent alkyl chains on Heck and Sonogashira C–C coupling catalyzed with palladium(II) complexes of selenated Schiff bases having liquid crystalline properties [J]. Journal of Organometallic Chemistry, 2014, 753:42−47.

[32] HAYVALI Z, KOKSAL P. Syntheses and spectroscopic characterization of double−armed benzo−15−crown−5 derivatives and their sodium and potassium complexes [J]. Journal of Inclusion Phenomena and Macrocyclic Chemistry, 2013, 76(3−4):369−378.

[33] 张霞 . 希夫碱配合物的合成、表征及抗肿瘤活性研究 [D]. 青岛：中国海洋大学，2009.

[34] 王硕，鲁晓明 . 1,3,5- 均苯三羧酸根金属 - 有机多重框架结构配合物 [J]. 化学通报，2007(7)：527-535.

[35] 李红新，李锦州 . 4- 酰基吡唑啉酮配合物的合成方法与结构 [J]. 化学工程师，2006(7)：25-27

[36] 胡珍珠，宋业刚，殷炜 . 水杨醛氨基酸 Schiff 碱及其稀土配合物的合成 [J]. 湖北师范学院学报（自然科学版），2006，26(1)：26-29.

[37] 金黎霞，刘峥，夏金虹 . 水杨醛及其衍生物席夫碱配合物制备、性能研究现状 [J]. 人工晶体学报，2007，36(3)：705-710.

[38] ZHANG X, FREZZA M, MILACIC V, et al. Inhibition of tumor proteasome activity by gold-dithiocarbamato complexes via both redox-dependent and -independent processes [J]. Journal of Cellular Biochemistry, 2010, 109(1):162-172.

[39] LI S J, LI K, YAO X J, et al. Synthesis, crystal structures, and antimicrobial activities of hydrazone complexes of vanadium(V)[J].Journal of Coordination Chemistry 2015, 68(16):2846-2857.

[40] ZHANG N, FAN Y H, BI C F, et al. Synthesis, crystal structure, and DNA interaction of magnesium(II)complexes with Schiff bases [J]. Journal of Coordination Chemistry, 2013, 66(11):1933-1944.

[41] LI X, BI C F, FAN Y H, et al. Synthesis, characterization, DNA binding and cleavage properties of a ternary copper(II)Schiff base complex [J]. Transition Metal Chemistry, 2014, 39(5):577-584.

[42] WEN H L, LAI B W, HU H W, et al. Syntheses, crystal structures and antibacterial activities of M(II) benzene-1,2,3-triyltris(oxy)triacetic acid complexes [J]. Journal of Coordination Chemistry, 2015, 68(21):3903-3917.

[43] SUN J, CHEN W X, SONG X D, et al. Synthesis, characterization, DNA interaction, and in vitro cytotoxicity activities of two ruthenium(II) complexes with disubstituted 2,2′-dipyridyl ligands bearing ammonium

groups [J]. Journal of Coordination Chemistry, 2015, 68(2):308−320.

[44] HU Y Y, PAN G X, YANG Z X, et al. Novel Schiff base−bridged multi−component sulfonamide imidazole hybrids as potentially highly selective DNA−targeting membrane active repressors against methicillin−resistant Staphylococcus aureus[J].Bioorganic Chemistry, 2021, 107:104575.

[45] CHEN M, CHEN X, HUANG G, et al. Synthesis, anti−tumour activity, and mechanism of benzoyl hydrazine Schiff base−copper complexes[J].Journal of Molecular Structure, 2022, 1268:133730.

[46] DEGHADI R G, ELSHARKAWY A E, ASHMAWY A M, et al. Antibacterial and anticorrosion behavior of bioactive complexes of selected transition metal ions with new 2−acetylpyridine Schiff base[J].Applied Organometallic Chemistry, 2022, 36(4):e6579.

[47] ABDULRAHMAN Y, ZAKI M, ALHADDAD M R M, et al. Structural elucidation of new ferrocene appended scaffold and their metal complexes:comparative in vitro DNA/BSA binding and antibacterial assay[J].Inorganica Chimica Acta, 2023, 549:121398.

[48] GUPTA K C, SUTAR A K. Catalytic activities of Schiff base transition metal complexes [J]. Coordination Chemistry Reviews, 2007, 252(12):1420−1450.

[49] MEENA K, BAROLIYA P K. Synthesis, characterization, antimicrobial and antimalarial activities of Azines based Schiff bases and their Pd(II) complexes[J].Chemistry & Biodiversity, 2023, 20(7):e202300158.

[50] SINGH H L, DHINGRA N, BHANUKA S. Synthesis, spectral, antibacterial and QSAR studies of tin and silicon complexes with Schiff base of amino acids[J].Journal of Molecular Structure, 2023, 1287:135670.

[51] SINGH H L. Synthesis, spectroscopic, and theoretical studies of tin(II) complexes with biologically active Schiff bases derived from amino acids[J].Main Group Metal Chemistry, 2016, 39(3−4):67−76.

[52] SINGH H L, SINGH J. Synthesis, spectroscopic, molecular structure, and antibacterial studies of dibutyltin(IV)Schiff base complexes derived from phenylalanine, isoleucine, and glycine[J].Bioinorganic Chemistry and Applications, 2014, 2014:716578.

[53] ZHENG Z H, YUAN C, SUN M, et al. Construction of monophosphine-metal complexes in privileged diphosphine-based covalent organic frameworks for catalytic asymmetric hydrogenation[J].Journal of the American Chemical Society, 2023, 145(11):6100-6111.

[54] AMIN A S, EL-BAHY S, EL-FEKY H H. Utility of 5-(2′, 4′-dimethylphenylazo)-6-hydroxy-pyrimidine-2,4-dione in PVC membrane for a novel green optical chemical sensor to detect zinc ion in environmental samples[J].Analytical Biochemistry, 2022, 643:114579.

[55] BETANCOURTH J G, SANCHEZ-RODRIGUEZ N E, GIRALDO-DAVILA D, et al. Self-assembled Co(II) and Zn(II) complexes with soluble bis(hydrazone)thiopyrimidine-based ligands:electrochemical and temperature-dependent properties[J].Russian Journal of Inorganic Chemistry, 2022, 67(14):2200-2212.

[56] LEI M Y, GE F Y, WU T T, et al. A stable Cd-MOF as a dual-responsive luminescent biosensor for the determination of urinary diphenyl phosphate and hippuric acid as biomarkers for human triphenyl phosphate and toluene poisoning[J].Dalton Transactions, 2022, 51(39):14924-14929.

[57] ZIL'BERG R A, ZAGITOVA L R, VAKULIN I V, et al. Enantioselective voltammetric sensors based on amino acid complexes of Cu(II), Co(III), and Zn(II)[J].Journal of Analytical Chemistry, 2021, 76(12):1438-1448.

[58] KALAVATHI A, SARAVANAKUMAR P, SATHEESHKUMAR K, et al. Spectral and DFT/TD-DFT studies on turn-on fluorescent detection of Al(III)by a quinolin-8-ol-based Schiff base and its bioimaging[J].Journal of Molecular Structure, 2023, 1289(5):135895.

[59] 崔玉民 . 光催化技术在降解有机染料污染物方面的应用 [J]. 感光科学与光化学，2004，22(6)：434–443.

[60] 梁喜珍，余荣清 . 光催化降解甲基橙的研究 [J]. 化工时刊，2007，21(10)：21–23.

[61] DEY D, KAUR G, PATRA M, et al. A perfectly linear trinuclear zinc–Schiff base complex:synthesis, luminescence property and photocatalytic activity of zinc oxide nanoparticle [J]. Inorganica Chimica Acta, 2014, 421:335–341.

[62] LI L J, FU B, QIAO Y, et al. Synthesis, characterization and cytotoxicity studies of platinum(II) complexes with reduced amino acid ester Schiff–bases as ligands [J]. Inorganica Chimica Acta, 2014, 419:135–140.

[63] JANJUA U U, PERVAIZ M, ALI F, et al. Schiff base derived Mn(II) and Cd(II)novel complexes for catalytic and antioxidant applications[J]. Inorganic Chemistry Communications, 2023, 157:111233.

[64] HONG X J, LIU X, ZHANG J B, et al. Two low–dimensional Schiff base copper(I/II) complexes:synthesis, characterization and catalytic activity for degradation of organic dyes [J]. CrystEngComm, 2014, 16(34):7926–7932.

[65] XIAO Y, BI C F, FAN Y H, et al. L–glutamine Schiff base copper complex as a proteasome inhibitor and an apoptosis inducer in human cancer cells. International Journal of Oncology, 2008, 33(5):107–1079.

[66] 王永燎，刘峥，王松梅，等 . 氨基酸席夫碱双核铜配合物修饰玻碳电极对抗坏血酸的电催化作用 [J]. 分析科学学报，2009，25(6)： 673–676.

[67] TUNCER H, ERK C. Synthesis and fluorescence spectroscopy of bis(ortho– and para –carbonyl)phenyl glycols [J]. Dyes and Pigments, 2000, 44(2):81–86.

[68] ITO K, BERNSTEIN H J. The vibrational spectra of the formate, acetate, and oxalate ions [J]. Canadian Journal of Chemistry, 1956, 34(2):170–178.

[69] KAYA I, BORA E, AYDIN A. Synthesis and characterization of Schiff base derivative with pyrrole ring and electrochromic applications of its oligomer [J]. Progress in Organic Coatings, 2014, 77(2):463−472.

[70] QIAN H F, DAI Y, GENG J, et al. A flexible multidentate Schiff−base ligand having multifarious coordination modes in its copper (II) and cadmium (II) complexes [J]. Polyhedron, 2014, 67:314−320.

[71] OURARI A, OUENNOUGHI Y, AGGOUN D, et al. Synthesis, characterization, and electrochemical study of a new tetradentate nickel(II)−Schiff base complex derived from ethylenediamine and 5′−(N−methyl−N−phenylaminomethyl)−2′−hydroxyacetophenone [J]. Polyhedron, 2014, 67:59−64.

[72] SHELDRICK G M.SHELXL97, a program for crystal structure refinement [M]. Gottingen, Germany:University of Göttingen, 1997.

[73] HAFIDI R, MESSAI A, CHEBBAH M, et al. A new mononuclear copper (II) complex with an O, N, O′−tridentate Schiff base ligand:synthesis, structural, hirshfeld surface, electrochemical and theoretical studies[J]. Inorganic Chemistry Communications, 2024, 159:111689.

[74] HUANG G M, ZHANG X, FAN Y H, et al. Synthesis, crystal structure and theoretical calculation of a novel nickel(II)complex with dibromotyrosine and 1,10−Phenanthroline [J]. Bulletin of the Korean Chemical Society, 2013, 34(10):2889−2894.

[75] YAN X C, FAN Y H, BI C F, et al. Synthesis, crystal structure, and theoretical calculation of the Cd(II)complex with 2−aminobenzothiazole.[J] Synthesis and Reactivity in Inorganic, Metal−Organic, and Nano−Metal Chemistry, 2014, 44(4):603−610.

[76] SHA J Q, SUN J W, WANG C, et al. Syntheses of POM−templated MOFs containing the isomeric pyridyltetrazole [J]. CrystEngComm, 2012, 14:5053−5064.

[77] HISKIAL A, MYLONAS A, PAPACONSTIANTINOU E. Comparison of the photoredox properties of polyoxometallates and semiconducting particles [J]. Chemical Society Reviews, 2001, 30(1):62–69.

[78] SHAKERI J, FARROKHPOUR H, HADADZADEH H, et al. Photoreduction of CO_2 to CO by a mononuclear Re(I)complex and DFT evaluation of the photocatalytic mechanism [J]. Rsc Advances, 2015, 5(51):41125–41134.

[79] PRADHAN A C, NANDA B, PARIDA K M, et al. Quick photo–Fenton degradation of phenolic compounds by Cu/Al_2O_3–MCM–41 under visible light irradiation:small particle size, stabilization of copper, easy reducibility of Cu and visible light active material [J].Dalton Transactions, 2013, 42(2):558–566.

[80] LI Y, NIU J F, YIN L F, et al. Photocatalytic degradation kinetics and mechanism of pentachlorophenol based on superoxide radicals [J]. Journal of Environmental Sciences, 2011, 23(11):1911–1918.

附　　录

附表 -1　配合物的原子分数坐标（x、y、z）和各向同性或等效各向同性位移参数

单位：Å²

原子	原子分数坐标			U^*_{iso} / U_{eq}
	x	y	z	
$NiL^1 \cdot 3CH_3OH$				
Ni1	0.641 72(12)	0.204 31(7)	0.777 10(6)	0.043 1(3)
N1	0.604 1(8)	0.195 4(6)	0.653 2(4)	0.043 1(17)
N2	0.415 1(10)	0.343 4(6)	0.387 8(5)	0.061(2)
H2	0.388 4	0.328 5	0.336 3	0.073*
N3	0.686 6(8)	0.208 0(6)	0.901 8(4)	0.046 0(17)
N4	0.432 0(15)	0.297 3(8)	1.070 2(8)	0.092(4)
H4	0.380 2	0.347 1	1.070 6	0.110*
O1	0.837 5(7)	0.242 5(4)	0.764 5(4)	0.053 3(18)
O2	0.969 2(10)	0.259 8(7)	0.673 3(5)	0.083(3)
O3	0.413 8(6)	0.190 3(4)	0.755 8(3)	0.043 5(15)
O4	0.200 8(8)	0.096 5(5)	0.794 4(4)	0.061 5(19)
O5	0.683 1(8)	0.064 5(4)	0.797 7(4)	0.053 0(18)
O6	0.740 4(10)	−0.042 6(5)	0.897 1(5)	0.072(2)
O7	0.572 6(7)	0.349 6(4)	0.784 5(4)	0.045 1(16)
O8	0.598 2(9)	0.527 0(4)	0.741 8(4)	0.066(2)

续表

原子	原子分数坐标			U^*_{iso} / U_{eq}
	x	y	z	
O9	0.766 1(12)	0.824 8(8)	0.780 8(7)	0.098(3)
H9	0.758 0	0.878 8	0.797 4	0.147*
O10	−0.047 8(18)	0.260 7(13)	0.500 0(9)	0.167(6)
H10	−0.038 5	0.255 2	0.550 0	0.251*
C1	0.854 0(12)	0.247 4(7)	0.689 6(7)	0.051(3)
C2	0.716 2(10)	0.239 0(6)	0.621 7(6)	0.045(2)
H2a	0.734 2	0.201 7	0.575 5	0.054*
C3	0.673 9(11)	0.339 3(7)	0.593 5(6)	0.053(3)
H3a	0.649 8	0.373 7	0.638 8	0.064*
H3b	0.756 1	0.370 5	0.580 4	0.064*
C4	0.534 2(12)	0.309 4(7)	0.444 6(6)	0.056(3)
H4a	0.598 4	0.265 8	0.431 6	0.068*
C5	0.547 7(11)	0.344 9(6)	0.519 1(6)	0.050(3)
C6	0.426 4(12)	0.409 6(7)	0.510 4(6)	0.053(3)
C7	0.347 7(12)	0.405 9(7)	0.429 9(7)	0.056(3)
C8	0.226 9(12)	0.462 3(7)	0.399 8(7)	0.061(3)
H8	0.177 8	0.459 6	0.344 5	0.073*
C9	0.183 6(14)	0.520 0(8)	0.452 1(8)	0.070(3)
H9a	0.103 8	0.558 7	0.432 9	0.084*
C10	0.258 2(13)	0.523 4(8)	0.537 5(7)	0.068(3)
H10a	0.224 3	0.561 7	0.574 2	0.082*
C11	0.378 2(13)	0.470 5(7)	0.564 3(7)	0.061(3)

续表

原子	原子分数坐标			U_{iso}^{*} / U_{eq}
	x	y	z	
H11	0.429 2	0.474 6	0.619 2	0.073*
C12	0.512 5(11)	0.142 7(6)	0.607 6(6)	0.043(2)
H12	0.521 5	0.133 3	0.553 9	0.052*
C13	0.392 4(10)	0.094 7(6)	0.631 6(6)	0.044(2)
C14	0.349 2(12)	0.116 6(7)	0.702 3(7)	0.047(3)
C15	0.235 1(11)	0.069 0(7)	0.723 8(6)	0.051(3)
C16	0.167 9(11)	−0.003 0(7)	0.674 8(7)	0.054(3)
H16	0.094 9	−0.037 5	0.689 6	0.065*
C17	0.209 3(13)	−0.024 4(7)	0.602 7(7)	0.064(3)
H17	0.161 7	−0.072 4	0.568 5	0.076*
C18	0.321 0(11)	0.024 7(7)	0.580 4(6)	0.051(3)
H18	0.346 9	0.010 2	0.531 4	0.061*
C19	0.080 9(13)	0.060 4(9)	0.816 6(8)	0.075(4)
H19a	−0.003 9	0.075 0	0.774 4	0.112*
H19b	0.073 2	0.088 1	0.867 9	0.112*
H19c	0.090 3	−0.007 2	0.822 8	0.112*
C20	0.706 9(13)	0.038 8(7)	0.872 1(6)	0.054(3)
C21	0.689 8(14)	0.112 4(7)	0.936 6(6)	0.053(3)
H21	0.771 3	0.107 3	0.984 9	0.063*
C22	0.547 6(13)	0.093 2(7)	0.963 4(6)	0.062(3)
H22a	0.467 6	0.093 2	0.914 9	0.074*
H22b	0.552 3	0.030 9	0.988 6	0.074*

续表

原子	原子分数坐标			U^*_{iso} / U_{eq}
	x	*y*	*z*	
C23	0.417 7(15)	0.237 7(8)	1.006 9(8)	0.076(4)
H23	0.347 4	0.243 2	0.957 7	0.091*
C24	0.521 1(15)	0.166 0(8)	1.023 3(7)	0.065(3)
C25	0.596 1(15)	0.183 4(8)	1.104 3(8)	0.074(4)
C26	0.538 8(19)	0.268 8(10)	1.133 2(9)	0.084(4)
C27	0.600(2)	0.304 2(11)	1.211 5(10)	0.096(5)
H27	0.566 6	0.360 3	1.229 4	0.116*
C28	0.075(2)	0.258 4(13)	1.259 3(11)	0.105(5)
H28	0.741 1	0.283 1	1.312 0	0.126*
C29	0.770 2(19)	0.175 2(11)	1.239 8(9)	0.105(5)
H29	0.846 8	0.147 1	1.277 4	0.126*
C30	0.712 4(18)	0.134 1(10)	1.157 3(8)	0.090(4)
H30	0.750 0	0.078 7	1.140 6	0.108*
C31	0.726 6(14)	0.279 5(8)	0.947 7(7)	0.056(3)
H31	0.754 2	0.268 7	1.004 3	0.067*
C32	0.733 3(12)	0.374 3(7)	0.920 9(6)	0.054(3)
C33	0.663 8(12)	0.409 6(7)	0.843 4(6)	0.052(3)
C34	0.675 4(12)	0.503 0(7)	0.822 1(6)	0.054(3)
C35	0.750 9(14)	0.566 0(7)	0.876 8(7)	0.069(3)
H35	0.757 6	0.629 3	0.862 2	0.082*
C36	0.816 6(15)	0.534 8(8)	0.953 4(7)	0.079(4)
H36	0.867 7	0.577 7	0.991 9	0.095*

续表

原子	原子分数坐标			U_{iso}^{*}/U_{eq}
	x	y	z	
C37	0.809 8(14)	0.443 1(8)	0.975 2(7)	0.075(4)
H37	0.857 6	0.424 6	1.028 2	0.090*
C38	0.616 2(18)	0.619 5(8)	0.713 2(9)	0.100(5)
H38a	0.598	0.665 1	0.752 3	0.149*
H38b	0.549 7	0.629 4	0.660 8	0.149*
H38c	0.713 0	0.626 9	0.707 2	0.149*
C39	0.343 1(12)	0.280 9(7)	0.729 7(6)	0.049(3)
H39a	0.242 5	0.278 8	0.731 5	0.059*
H39b	0.349 2	0.296 6	0.673 9	0.059*
C40	0.424 8(11)	0.352 4(6)	0.790 9(6)	0.050(3)
H40a	0.384 9	0.415 4	0.777 9	0.060*
H40b	0.418 7	0.336 1	0.846 5	0.060*
C41	0.902(3)	0.800 5(12)	0.799 0(12)	0.138(7)
H41a	0.958 5	0.851 2	0.784 6	0.207*
H41b	0.914 3	0.744 5	0.768 7	0.207*
H41c	0.933 0	0.787 9	0.857 2	0.207*
C42	0.077(2)	0.246 6(16)	0.482 1(12)	0.145(8)
H42a	0.117 9	0.306 5	0.472 1	0.218*
H42b	0.064 1	0.207 7	0.433 6	0.218*
H42c	0.141 4	0.215 3	0.527 6	0.218*
$ZnL^1 \cdot 3CH_3OH$				
Zn1	0.838 75(11)	0.278 87(7)	0.225 02(6)	0.048 0(3)

续表

原子	原子分数坐标			U_{iso}^{*} / U_{eq}
	x	y	z	
N1	0.891 3(7)	0.275 2(6)	0.351 5(4)	0.042 2(15)
N2	1.092 6(9)	0.427 3(5)	0.615 5(5)	0.062(2)
H2	1.123 4	0.412 3	0.666 6	0.074*
N3	0.806 3(7)	0.286 8(6)	0.100 1(4)	0.045 8(17)
N4	1.066 4(13)	0.377 6(7)	−0.069 0(8)	0.089(3)
H4	1.122 5	0.424 8	−0.071 4	0.106*
O1	0.649 3(7)	0.322 7(4)	0.243 4(4)	0.059 1(18)
O2	0.527 0(8)	0.338 0(6)	0.338 9(5)	0.085(2)
O3	1.080 9(5)	0.272 6(5)	0.248 9(3)	0.041 2(13)
O4	1.289 7(7)	0.179 1(5)	0.208 7(4)	0.063 8(19)
O5	0.807 9(7)	0.140 3(4)	0.197 6(4)	0.055 1(18)
O6	0.756 0(8)	0.036 5(4)	0.095 2(5)	0.074(2)
O7	0.919 5(7)	0.430 6(4)	0.214 0(4)	0.047 5(16)
O9	0.727 9(10)	0.908 5(6)	0.217 6(5)	0.099(3)
H9	0.743 5	0.947 0	0.184 0	0.118*
O10	0.552 7(12)	0.339 7(8)	0.510 8(7)	0.135(4)
H10	0.540 5	0.341 9	0.460 5	0.202*
O11	0.402 2(16)	0.378 6(12)	0.124 8(10)	0.235(8)
H11a	0.465 3	0.359 4	0.164 0	0.353*
C1	0.638 8(11)	0.327 9(7)	0.318 3(7)	0.053(3)
C2	0.779 9(9)	0.321 4(6)	0.385 1(6)	0.046(2)
H2a	0.764 6	0.285 3	0.432 4	0.055*

续表

原子	原子分数坐标			U_{iso}^{*} / U_{eq}
	x	y	z	
C3	0.825 7(10)	0.421 5(6)	0.411 0(6)	0.053(3)
H3a	0.744 9	0.454 2	0.424 4	0.063*
H3b	0.848 2	0.454 2	0.364 6	0.063*
C4	0.970 1(11)	0.392 3(7)	0.561 3(7)	0.056(3)
H4a	0.906 2	0.349 5	0.575 7	0.067*
C5	0.955 2(10)	0.428 8(6)	0.484 3(6)	0.051(2)
C6	1.072 0(10)	0.492 4(6)	0.491 0(6)	0.050(2)
C7	1.155 9(11)	0.490 1(7)	0.572 6(6)	0.052(3)
C8	1.275 5(11)	0.545 9(7)	0.599 7(7)	0.063(3)
H8	1.326 7	0.544 6	0.654 7	0.076*
C9	1.317 4(12)	0.602 9(7)	0.544 8(8)	0.068(3)
H9a	1.398 4	0.641 3	0.562 1	0.082*
C10	1.241 9(12)	0.604 8(7)	0.464 1(7)	0.061(3)
H10a	1.275 8	0.642 8	0.427 3	0.073*
C11	1.117 5(11)	0.552 5(6)	0.434 6(7)	0.059(3)
H11	1.065 8	0.556 7	0.379 9	0.071*
C12	0.989 2(10)	0.225 2(6)	0.397 6(6)	0.046(2)
H12	0.985 7	0.218 1	0.452 4	0.056*
C13	1.104 7(10)	0.178 6(6)	0.372 1(6)	0.047(2)
C14	1.147 8(11)	0.199 5(7)	0.301 4(7)	0.046(3)
C15	1.260 0(10)	0.151 4(6)	0.279 1(6)	0.048(2)
C16	1.327 4(11)	0.080 1(7)	0.328 0(7)	0.053(3)

续表

原子	原子分数坐标			U_{iso}^{*} / U_{eq}
	x	y	z	
H16	1.400 9	0.046 4	0.313 0	0.070*
C17	1.288 5(12)	0.057 0(7)	0.399 2(7)	0.067(3)
H17	1.334 7	0.007 1	0.431 6	0.080*
C18	1.179 9(10)	0.107 7(6)	0.423 9(6)	0.055(3)
H18	1.158 0	0.094 4	0.474 0	0.066*
C19	1.408 9(13)	0.140 0(7)	0.185 6(7)	0.072(3)
H19a	1.496 3	0.161 5	0.222 8	0.109*
H19b	1.408 1	0.159 8	0.130 5	0.109*
H19c	1.404 1	0.072 0	0.187 6	0.109*
C20	0.783 6(11)	0.118 4(7)	0.122 9(7)	0.049(3)
C21	0.804 1(12)	0.193 9(7)	0.060 7(7)	0.054(3)
H21	0.724 1	0.190 9	0.011 2	0.065*
O8	0.900 2(8)	0.607 9(4)	0.255 6(5)	0.072(2)
C22	0.950 2(11)	0.177 3(7)	0.036 8(7)	0.061(3)
H22a	1.028 2	0.178 3	0.086 4	0.074*
H22b	0.948 9	0.115 1	0.011 8	0.074*
C23	1.077 2(13)	0.318 8(8)	−0.001 5(8)	0.074(4)
H23	1.142 9	0.326 1	0.049 3	0.089*
C24	0.978 0(14)	0.249 4(7)	−0.020 8(8)	0.069(3)
C25	0.901 7(13)	0.269 2(10)	−0.102 0(8)	0.074(3)
C26	0.955 8(16)	0.349 8(9)	−0.129 7(9)	0.080(4)
C27	0.900 2(17)	0.387 4(10)	−0.208 6(10)	0.095(4)

续表

原子	原子分数坐标			U_{iso}^{*}/U_{eq}
	x	y	z	
H27	0.936 4	0.443 0	−0.225 9	0.114*
C28	0.791 6(18)	0.338 8(12)	−0.257 8(10)	0.104(5)
H28	0.754 2	0.362 0	−0.310 8	0.125*
C29	0.732 2(16)	0.258 0(11)	−0.235 7(10)	0.108(5)
H29	0.655 0	0.229 1	−0.272 3	0.129*
C30	0.788 7(15)	0.218 3(9)	−0.156 7(9)	0.088(4)
H30	0.753 6	0.161 4	−0.141 1	0.105*
C31	0.766 9(12)	0.358 6(7)	0.053 5(7)	0.056(3)
H31	0.735 8	0.346 7	−0.002 8	0.068*
C32	0.765 6(12)	0.457 7(7)	0.079 5(7)	0.059(3)
C33	0.833 7(10)	0.490 1(6)	0.154 7(6)	0.049(2)
C34	0.822 1(11)	0.583 8(7)	0.178 1(7)	0.062(3)
C35	0.745 4(13)	0.646 0(7)	0.122 2(7)	0.073(3)
H35	0.739 5	0.709 5	0.136 3	0.088*
C36	0.678 6(14)	0.615 7(7)	0.047 0(8)	0.082(4)
H36	0.626 6	0.658 9	0.009 0	0.099*
C37	0.684 7(13)	0.519 5(7)	0.023 4(7)	0.082(4)
H37	0.635 3	0.498 8	−0.028 7	0.098*
C38	0.884 6(15)	0.701 9(7)	0.283 9(8)	0.103(5)
H38a	0.925 2	0.746 3	0.252 2	0.154*
H38b	0.934 2	0.707 0	0.341 1	0.154*
H38c	0.784 0	0.715 7	0.277 5	0.154*

续表

原子	原子分数坐标			U_{iso}^{*}/U_{eq}
	x	*y*	*z*	
C39	1.152 6(10)	0.361 7(6)	0.273 4(6)	0.049(3)
H39a	1.253 0	0.358 4	0.270 9	0.059*
H39b	1.148 8	0.377 9	0.329 2	0.059*
C40	1.072 4(10)	0.434 5(6)	0.213 2(6)	0.055(3)
H40a	1.110 7	0.497 4	0.228 9	0.066*
H40b	1.083 6	0.420 9	0.158 2	0.066*
C41	0.581 7(15)	0.883 2(9)	0.196 6(9)	0.111(5)
H41a	0.567 3	0.828 8	0.228 2	0.166*
H41b	0.552 8	0.868 1	0.138 9	0.166*
H41c	0.524 8	0.935 2	0.208 2	0.166*
C42	0.419 3(17)	0.323 1(14)	0.530 4(11)	0.164(8)
H42a	0.422 3	0.348 4	0.584 1	0.246*
H42b	0.401 4	0.256 0	0.530 2	0.246*
H42c	0.343 5	0.353 5	0.490 2	0.246*
C43	0.391(2)	0.476 8(15)	0.129 7(14)	0.196(10)
H43a	0.411 0	0.495 6	0.186 6	0.293*
H43b	0.295 2	0.496 3	0.102 1	0.293*
H43c	0.459 6	0.506 3	0.104 0	0.293*
$CoL^1 \cdot 3CH_3OH$				
Co1	0.349 5(2)	0.285 99(15)	0.723 29(12)	0.071 0(7)
N1	0.393 6(13)	0.276 9(10)	0.847 9(7)	0.076(3)

续表

原子	原子分数坐标			U_{iso}^* / U_{eq}
	x	y	z	
N2	0.586 9(16)	0.429 2(9)	1.113 9(8)	0.089(4)
H2	0.614 6	0.415 5	1.165 2	0.107*
N3	0.306 9(13)	0.290 7(10)	0.596 9(6)	0.080(3)
N4	0.567 6(19)	0.382 4(12)	0.427 8(10)	0.111(5)
H4	0.620 0	0.431 4	0.425 5	0.133*
O1	0.154 7(11)	0.329 2(7)	0.739 5(6)	0.080(3)
O2	0.027 6(12)	0.341 1(9)	0.834 0(6)	0.103(4)
O3	0.582 2(10)	0.277 3(8)	0.748 9(5)	0.074(2)
O4	0.791 7(12)	0.184 0(7)	0.706 2(6)	0.084(3)
O5	0.320 0(11)	0.146 8(7)	0.699 2(6)	0.080(3)
O6	0.253 0(12)	0.040 5(8)	0.599 5(7)	0.091(3)
O7	0.420 6(11)	0.431 9(6)	0.711 7(6)	0.072(3)
O8	0.401 2(13)	0.609 3(8)	0.756 0(7)	0.092(3)
O9	0.774 1(15)	0.409 7(10)	0.281 9(8)	0.127(5)
H9	0.758 8	0.449 0	0.314 8	0.152*
O10	−0.047 0(17)	0.846 1(14)	0.997 3(10)	0.176(7)
H10	−0.037 3	0.836 6	1.046 5	0.264*
O11	0.101(3)	0.884(3)	0.380(2)	0.333(19)
H11	0.031 4	0.858 9	0.348 8	0.399*
C1	0.141 8(18)	0.331 0(11)	0.811 5(9)	0.077(4)
C2	0.280 6(16)	0.322 5(10)	0.881 9(9)	0.079(4)
H2a	0.261 7	0.284 5	0.927 1	0.094*

续表

原子	原子分数坐标			U^*_{iso} / U_{eq}
	x	y	z	
C3	0.325 2(19)	0.422 3(10)	0.911 0(10)	0.087(5)
H3a	0.242 8	0.453 5	0.923 6	0.104*
H3b	0.348 2	0.456 6	0.865 7	0.104*
C4	0.467 2(19)	0.393 3(11)	1.060 0(9)	0.086(4)
H4a	0.404 1	0.348 7	1.072 5	0.103*
C5	0.456 9(19)	0.432 3(10)	0.987 8(10)	0.083(4)
C6	0.576 5(18)	0.495 1(11)	0.990 4(10)	0.079(4)
C7	0.652(2)	0.488 0(12)	1.074 1(10)	0.085(4)
C8	0.772 7(19)	0.548 1(11)	1.097 7(10)	0.087(5)
H8	0.826 5	0.546 9	1.151 8	0.104*
C9	0.812(2)	0.606 5(13)	1.044 9(11)	0.096(5)
H9a	0.889 2	0.647 1	1.064 3	0.116*
C10	0.741 8(19)	0.609 7(12)	0.961 7(10)	0.089(5)
H10a	0.775 6	0.648 7	0.925 7	0.107*
C11	0.619 4(19)	0.552 7(12)	0.933 7(11)	0.091(5)
H11a	0.568 7	0.553 6	0.879 0	0.109*
C12	0.490 5(17)	0.224 2(10)	0.896 7(9)	0.077(4)
H12	0.482 7	0.214 2	0.950 1	0.092*
C13	0.608 9(16)	0.181 1(10)	0.870 8(8)	0.072(4)
C14	0.647 2(18)	0.203 1(11)	0.799 3(10)	0.076(4)
C15	0.764 3(17)	0.154 4(10)	0.776 9(9)	0.076(4)
C16	0.834 5(18)	0.082 0(11)	0.825 6(10)	0.088(5)

续表

原子	原子分数坐标			U_{iso}^{*}/U_{eq}
	x	y	z	
H16	0.907 6	0.048 3	0.810 4	0.105*
C17	0.794(2)	0.059 2(12)	0.900 0(11)	0.094(5)
H17	0.842 4	0.011 7	0.934 1	0.113*
C18	0.679 7(17)	0.107 9(10)	0.921 8(9)	0.077(4)
H18	0.651 8	0.092 0	0.969 4	0.093*
C19	0.924(2)	0.149 5(14)	0.689 2(12)	0.112(6)
H19a	1.000 9	0.154 6	0.737 8	0.169*
H19b	0.946 6	0.186 6	0.646 1	0.169*
H19c	0.912 1	0.084 2	0.672 5	0.169*
C20	0.289 4(19)	0.123 9(11)	0.626 5(10)	0.083(5)
C21	0.302(2)	0.196 0(11)	0.561 1(10)	0.085(5)
H21	0.219 5	0.190 6	0.513 8	0.102*
C22	0.445 3(17)	0.178 8(11)	0.533 9(9)	0.086(5)
H22a	0.524 0	0.175 7	0.582 6	0.103*
H22b	0.439 1	0.117 5	0.507 0	0.103*
C23	0.581(2)	0.323 2(13)	0.494 3(11)	0.098(5)
H23	0.648 8	0.330 3	0.544 1	0.118*
C24	0.483(2)	0.253 1(12)	0.476 4(11)	0.093(5)
C25	0.395(2)	0.270 5(14)	0.393 0(11)	0.097(5)
C26	0.456(2)	0.350 2(15)	0.365 1(12)	0.100(6)
C27	0.397(2)	0.385 3(16)	0.285 4(13)	0.116(7)
H27	0.432 6	0.439 8	0.266 0	0.140*

续表

原子	原子分数坐标			U_{iso}^{*} / U_{eq}
	x	y	z	
C28	0.287(3)	0.335 2(18)	0.239 0(13)	0.122(7)
H28	0.246 8	0.358 0	0.186 5	0.147*
C29	0.229(2)	0.254 3(16)	0.261 7(14)	0.122(7)
H29	0.154 2	0.223 1	0.225 1	0.146*
C30	0.283(2)	0.218 4(16)	0.342 5(12)	0.110(6)
H30	0.247 3	0.163 4	0.360 6	0.132*
C31	0.267(2)	0.363 7(11)	0.551 6(10)	0.083(5)
H31	0.236 4	0.353 3	0.495 4	0.100*
C32	0.265 1(19)	0.460 3(11)	0.579 3(9)	0.081(4)
C33	0.339 3(18)	0.492 4(11)	0.653 9(9)	0.082(5)
C34	0.325 0(19)	0.587 3(12)	0.677 8(10)	0.090(5)
C35	0.243 4(19)	0.648 7(11)	0.620 6(10)	0.095(5)
H35	0.234 5	0.711 8	0.634 9	0.113*
C36	0.176(2)	0.618 7(12)	0.544 1(11)	0.101(6)
H36	0.124 0	0.661 2	0.505 8	0.122*
C37	0.186(2)	0.524 9(12)	0.523 8(10)	0.099(5)
H37	0.138 1	0.504 2	0.471 8	0.118*
C38	0.384(2)	0.700 5(12)	0.783 8(12)	0.126(7)
H38a	0.440 7	0.744 1	0.761 1	0.189*
H38b	0.414 5	0.701 9	0.842 6	0.189*
H38c	0.284 1	0.718 3	0.766 9	0.189*
C39	0.653 4(17)	0.367 7(10)	0.771 6(8)	0.078(5)

续表

原子	原子分数坐标			U_{iso}^{*} / U_{eq}
	x	y	z	
H39a	0.753 9	0.364 0	0.769 8	0.093*
H39b	0.648 5	0.385 6	0.826 6	0.093*
C40	0.574 9(17)	0.438 9(11)	0.710 1(9)	0.081(4)
H40a	0.611 1	0.502 4	0.725 0	0.097*
H40b	0.587 2	0.424 4	0.655 8	0.097*
C41	0.922(2)	0.385 2(16)	0.302 2(13)	0.140(9)
H41a	0.978 6	0.439 3	0.294 5	0.210*
H41b	0.938 5	0.334 4	0.267 3	0.210*
H41c	0.950 5	0.365 1	0.358 4	0.210*
C42	0.083(3)	0.824(2)	0.975 6(15)	0.204(14)
H42a	0.076 1	0.843 0	0.919 9	0.305*
H42b	0.100 1	0.757 0	0.980 8	0.305*
H42c	0.161 4	0.857 2	1.011 2	0.306*
C43	0.104(4)	0.982 0(3)	0.362(3)	0.290(3)
H43a	0.165 6	1.014 5	0.406 9	0.440*
H43b	0.008 1	1.007 4	0.352 1	0.440*
H43c	0.139 6	0.990 6	0.313 3	0.440*
$MnL^{1}\cdot 3CH_3OH$				
Mn1	0.327 5(11)	0.279 5(10)	0.725 6(7)	0.143(4)
N1	0.399(7)	0.274(5)	0.854(3)	0.14(2)
N2	0.591(8)	0.423(5)	1.110(4)	0.14(2)
H2	0.627 6	0.402 5	1.158 5	0.169*

续表

原子	原子分数坐标			U^{*}_{iso} / U_{eq}
	x	*y*	*z*	
N3	0.290(6)	0.286(7)	0.596(4)	0.15(2)
N4	0.566(8)	0.384(5)	0.428(6)	0.16(3)
H4	0.617 4	0.433 4	0.423 8	0.188*
O1	0.137(5)	0.310(4)	0.751(3)	0.14(2)
O2	0.021(5)	0.329(4)	0.849(3)	0.14(2)
O3	0.577(4)	0.273(5)	0.749(3)	0.140(15)
O4	0.775(6)	0.182(4)	0.710(4)	0.144(19)
O5	0.300(5)	0.139(4)	0.690(3)	0.14(2)
O6	0.242(5)	0.049(4)	0.585(4)	0.15(2)
O7	0.406(6)	0.435(4)	0.711(3)	0.143(19)
O8	0.387(5)	0.605(4)	0.752(3)	0.146(18)
O9	0.767(5)	0.420(4)	0.275(3)	0.20(3)
H9	0.753 8	0.459 2	0.308 3	0.237*
O10	−0.037(6)	0.837(5)	0.975(4)	0.27(3)
H10	−0.023 9	0.827	1.023 5	0.398*
O11	0.111(15)	0.880(8)	0.346(9)	0.34(7)
H11	0.029 0	0.867 0	0.319 8	0.405*
C1	0.130(9)	0.317(7)	0.823(6)	0.14(3)
C2	0.274(8)	0.319(6)	0.884(4)	0.14(3)
H2a	0.262 7	0.282 0	0.930 1	0.166*
C3	0.316(7)	0.420(5)	0.915(4)	0.14(3)
H3a	0.328 6	0.456 6	0.869 5	0.170*

续表

原子	原子分数坐标			U_{iso}^{*}/U_{eq}
	x	y	z	
H3b	0.233 7	0.446 1	0.931 1	0.170*
C4	0.458(8)	0.396(5)	1.060(6)	0.14(3)
H4a	0.388 8	0.357 6	1.074 1	0.169*
C5	0.447(10)	0.436(7)	0.983(6)	0.14(3)
C6	0.568(11)	0.496(7)	0.989(6)	0.14(3)
C7	0.653(11)	0.490(7)	1.069(6)	0.14(3)
C8	0.783(9)	0.538(6)	1.090(5)	0.14(3)
H8	0.847 4	0.527 8	1.139 9	0.171*
C9	0.818(8)	0.603(6)	1.036(6)	0.14(3)
H9a	0.894 2	0.644 3	1.053 8	0.169*
C10	0.737(9)	0.604(6)	0.956(5)	0.15(3)
H10a	0.768 9	0.640 1	0.918 4	0.175*
C11	0.610(10)	0.553(7)	0.933(5)	0.14(3)
H11a	0.553 3	0.557 3	0.880 6	0.172*
C12	0.501(8)	0.228(5)	0.897(5)	0.14(3)
H12	0.505 9	0.222 8	0.951 8	0.169*
C13	0.613(10)	0.183(6)	0.866(7)	0.14(3)
C14	0.660(11)	0.197(7)	0.797(7)	0.14(3)
C15	0.772(11)	0.142(7)	0.783(7)	0.15(3)
C16	0.836(8)	0.073(7)	0.837(6)	0.15(3)
H16	0.910 3	0.036 5	0.826 3	0.176*
C17	0.792(9)	0.057(6)	0.906(6)	0.14(3)

续表

原子	原子分数坐标			U_{iso}^{*} / U_{eq}
	x	y	z	
H17	0.839	0.009 7	0.940 2	0.172*
C18	0.684(9)	0.105(6)	0.929(5)	0.14(3)
H18	0.656 0	0.092 5	0.976 8	0.172*
C19	0.885(8)	0.134(5)	0.683(4)	0.16(3)
H19a	0.861 2	0.068 0	0.676 4	0.244*
H19b	0.976 1	0.141 8	0.721 3	0.244*
H19c	0.890 3	0.159 9	0.631 6	0.244*
C20	0.272(10)	0.129(8)	0.615(7)	0.15(4)
C21	0.294(10)	0.194(7)	0.549(6)	0.15(3)
H21	0.215 7	0.190 1	0.499 4	0.180*
C22	0.445(9)	0.181(6)	0.533(5)	0.15(3)
H22a	0.518 1	0.183 4	0.583 7	0.181*
H22b	0.450 4	0.119 5	0.508 6	0.181*
C23	0.581(9)	0.327(8)	0.497(6)	0.15(3)
H23	0.650 0	0.334 1	0.545 6	0.183*
C24	0.474(12)	0.256(8)	0.478(7)	0.15(3)
C25	0.397(11)	0.268(10)	0.397(7)	0.15(3)
C26	0.453(11)	0.348(9)	0.366(7)	0.15(3)
C27	0.386(10)	0.383(6)	0.291(7)	0.16(3)
H27	0.414 1	0.441 6	0.275 2	0.190*
C28	0.277(11)	0.333(8)	0.240(6)	0.16(3)
H28	0.237 1	0.354 2	0.187 4	0.191*

续表

原子	原子分数坐标			U_{iso}^*/U_{eq}
	x	y	z	
C29	0.227(10)	0.251(8)	0.268(7)	0.16(4)
H29	0.151 9	0.217 0	0.234 2	0.191*
C30	0.289(10)	0.218(6)	0.345(7)	0.16(3)
H30	0.257 0	0.161 4	0.362 3	0.187*
C31	0.272(8)	0.364(8)	0.553(6)	0.15(3)
H31	0.266 6	0.354 1	0.498 0	0.180*
C32	0.259(9)	0.462(8)	0.574(7)	0.15(3)
C33	0.327(9)	0.491(7)	0.652(7)	0.15(3)
C34	0.314(9)	0.585(8)	0.673(6)	0.15(3)
C35	0.236(8)	0.647(6)	0.617(6)	0.15(3)
H35	0.229 0	0.710 1	0.631 4	0.176*
C36	0.168(8)	0.618(6)	0.539(6)	0.15(3)
H36	0.115 7	0.661 2	0.502 1	0.181*
C37	0.180(8)	0.525(7)	0.518(5)	0.15(3)
H37	0.135 4	0.504 1	0.465 7	0.181*
C38	0.367(7)	0.693(5)	0.788(5)	0.15(3)
H38a	0.407 3	0.742 9	0.763 1	0.229*
H38b	0.413 6	0.690 7	0.844 9	0.229*
H38c	0.264 9	0.704 0	0.781 5	0.229*
C39	0.639(8)	0.363(7)	0.777(5)	0.14(3)
H39a	0.742 4	0.363 9	0.781 0	0.171*
H39b	0.622 0	0.378 9	0.829 0	0.171*

续表

原子	原子分数坐标			U^*_{iso} / U_{eq}
	x	*y*	*z*	
C40	0.557(8)	0.430(5)	0.710(4)	0.15(3)
H40a	0.600 1	0.492 9	0.719 0	0.176*
H40b	0.565 8	0.407 9	0.658 0	0.176*
C41	0.908(8)	0.380(5)	0.303(5)	0.19(4)
H41a	0.952 9	0.374 7	0.258 6	0.284*
H41b	0.900 4	0.318 0	0.324 9	0.284*
H41c	0.966 5	0.419 4	0.344 2	0.284*
C42	0.082(7)	0.799(8)	0.948(5)	0.24(5)
H42a	0.054 4	0.792 9	0.890 1	0.358*
H42b	0.107 7	0.738 6	0.972 2	0.358*
H42c	0.163 3	0.841 4	0.963 1	0.358*
C43	0.10(2)	0.959(10)	0.397(12)	0.33(12)
H43a	0.190 6	0.996 4	0.403 8	0.496*
H43b	0.095 7	0.937 4	0.449 0	0.496*
H43c	0.021 5	0.997 4	0.372 8	0.496*
$NiL^2 \cdot H_2O$				
Ni1	0.540 70(7)	0.187 11(7)	0.754 32(6)	0.030 5(2)
S1	0.807 2(6)	0.546 5(5)	0.562 9(5)	0.098 2(18)
S1’	0.855(3)	0.490(2)	0.517(2)	0.098(9)
S2	0.250 02(19)	0.053 7(2)	1.035 59(16)	0.071 9(7)
N1	0.585 6(4)	0.201 2(4)	0.619 6(4)	0.028 3(12)
N2	0.493 2(4)	0.165 2(4)	0.887 5(4)	0.030 5(12)

续表

原子	原子分数坐标			U^{*}_{iso} / U_{eq}
	x	y	z	
O1	0.723 5(4)	0.182 1(4)	0.821 0(3)	0.038 4(11)
O2	0.907 6(4)	0.207 0(4)	0.792 3(3)	0.045 1(12)
O3	0.372 2(4)	0.238 6(4)	0.665 3(3)	0.031 2(10)
O4	0.121 4(4)	0.198 9(4)	0.585 1(4)	0.056 3(14)
O5	0.458 0(4)	0.010 1(4)	0.692 9(3)	0.040 4(11)
O6	0.368 2(5)	−0.145 9(4)	0.739 8(4)	0.064 0(15)
O7	0.589 9(4)	0.373 7(3)	0.841 2(3)	0.033 4(11)
O8	0.778 6(5)	0.571 4(4)	0.917 6(4)	0.062 9(15)
O9	0.514 0(6)	0.680 6(5)	0.736 0(5)	0.124(2)
H9c	0.454 8	0.716 9	0.722 8	0.149*
H9d	0.581 1	0.728 8	0.789 2	0.149*
C1	0.791 5(6)	0.202 2(5)	0.761 6(5)	0.032 4(16)
C2	0.724 3(6)	0.225 6(6)	0.645 1(5)	0.034 8(16)
H2	0.740 5	0.173 8	0.584 4	0.042*
C3	0.780 1(6)	0.356 2(6)	0.656 7(5)	0.050(2)
H3a	0.873 3	0.374 5	0.690 7	0.060*
H3b	0.752 2	0.406 1	0.708 6	0.060*
C4	0.740 7(7)	0.388 0(6)	0.542 6(6)	0.074(3)
H4a	0.647 5	0.368 6	0.507 3	0.089*
H4b	0.770 9	0.340 5	0.491 1	0.089*
H4′a	0.666 8	0.420 6	0.535 3	0.089*
H4′b	0.711 1	0.314 0	0.481 4	0.089*

续表

原子	原子分数坐标			U_{iso}^{*} / U_{eq}
	x	y	z	
C5	0.703 5(12)	0.599 7(10)	0.619 7(9)	0.130(7)
H5a	0.720 7	0.684 8	0.632 1	0.195*
H5b	0.715 9	0.581 4	0.691 5	0.195*
H5c	0.616 2	0.562 6	0.567 2	0.195*
C5′	0.930(6)	0.617(5)	0.640(4)	0.13(3)
H5′1	0.865 6	0.647 4	0.659 7	0.195*
H5′2	0.982 2	0.678 2	0.622 1	0.195*
H5′3	0.984 1	0.594 5	0.702 8	0.195*
C6	0.507 5(5)	0.164 9(5)	0.514 4(5)	0.031 3(15)
H6	0.541 9	0.151 4	0.458 2	0.038*
C7	0.367 8(5)	0.143 5(5)	0.477 3(5)	0.030 5(15)
C8	0.303 8(6)	0.180 1(6)	0.547 4(5)	0.034 2(16)
C9	0.170 6(6)	0.161 4(6)	0.506 7(5)	0.037 4(17)
C10	0.100 6(6)	0.103 5(6)	0.390 1(5)	0.049 8(19)
H10	0.011 3	0.088 5	0.360 3	0.060*
C11	0.163 9(6)	0.068 3(6)	0.318 5(5)	0.044 9(19)
H11	0.116 3	0.030 9	0.240 9	0.054*
C12	0.295 4(6)	0.087 8(5)	0.360 3(5)	0.034 4(16)
H12	0.336 4	0.064 1	0.311 2	0.041*
C13	−0.013 8(6)	0.184 7(7)	0.547 3(6)	0.078(3)
H13a	−0.038 6	0.232 2	0.495 4	0.117*
H13b	−0.036 3	0.210 1	0.612 3	0.117*

续表

原子	原子分数坐标			U^*_{iso} / U_{eq}
	x	*y*	*z*	
H13c	−0.057 8	0.102 0	0.508 6	0.117*
C14	0.409 9(6)	−0.037 3(6)	0.755 8(5)	0.040(17)
C15	0.400 8(5)	0.048 6(5)	0.857 9(5)	0.032 8(16)
H15	0.421 2	0.015 7	0.924 0	0.039*
C16	0.263 2(6)	0.061 8(6)	0.823 3(5)	0.041 9(18)
H16a	0.249 3	0.106 4	0.766 6	0.050*
H16b	0.204 0	−0.017 1	0.787 0	0.050*
C17	0.230 9(6)	0.123 9(6)	0.921 3(5)	0.051 7(19)
H17a	0.142 3	0.128 4	0.890 7	0.062*
H17b	0.285 2	0.205 2	0.953 3	0.062*
C18	0.131 7(7)	−0.084 7(7)	0.963 4(6)	0.090(3)
H18a	0.048 1	−0.070 2	0.934 8	0.135*
H18b	0.133 4	−0.132 4	1.015 9	0.135*
H18c	0.149 5	−0.126 4	0.900 4	0.135*
C19	0.555 1(6)	0.225 9(6)	0.991 9(5)	0.037 6(17)
H19	0.537 9	0.194 8	1.047 9	0.045*
C20	0.650 4(6)	0.340 2(6)	1.030 3(5)	0.0396(17)
C21	0.670 0(6)	0.410 2(5)	0.957 2(5)	0.032 9(16)
C22	0.767 3(6)	0.513 5(6)	0.997 0(5)	0.042 7(18)
C23	0.846 8(6)	0.552 1(6)	1.112 4(5)	0.053(2)
H23	0.913 9	0.621 3	1.140 2	0.064*
C24	0.826 2(7)	0.487 6(6)	1.186 1(5)	0.057(2)

续表

原子	原子分数坐标			U_{iso}^{*} / U_{eq}
	x	y	z	
H24	0.877 2	0.516 0	1.264 0	0.069*
C25	0.731 5(6)	0.382 2(6)	1.146 1(5)	0.049(2)
H25	0.721 4	0.338 4	1.196 6	0.059*
C26	0.900 4(6)	0.645 6(7)	0.937 7(6)	0.069(2)
H26a	0.920 6	0.716 2	0.999 2	0.104*
H26b	0.898 0	0.667 9	0.869 4	0.104*
H26c	0.965 0	0.602 9	0.958 2	0.104*
C27	0.402 0(6)	0.367 8(6)	0.690 2(5)	0.044 7(18)
H27a	0.323 0	0.393 3	0.668 0	0.054*
H27b	0.451 8	0.394 6	0.647 3	0.054*
C28	0.477 1(6)	0.419 8(6)	0.815 4(5)	0.045 3(19)
H28a	0.502 0	0.506 5	0.834 7	0.054*
H28b	0.426 4	0.396 2	0.858 8	0.054*
$ZnL^2 \cdot CH_3OH$				
Zn1	0.546 76(3)	0.170 20(3)	0.255 85(3)	0.034 99(12)
N1	0.493 6(2)	0.158 6(2)	0.386 57(19)	0.032 8(6)
N2	0.581 1(2)	0.199 2(2)	0.121 27(19)	0.032 6(5)
O1	0.452 7(2)	−0.004 22(18)	0.194 85(18)	0.045 7(5)
O2	0.353 8(3)	−0.152 1(2)	0.235 2(2)	0.072 6(8)
O3	0.584 46(18)	0.368 49(17)	0.345 79(16)	0.035 4(5)
O4	0.772 1(2)	0.564 7(2)	0.425 5(2)	0.064 1(7)
O5	0.735 04(19)	0.179 85(19)	0.316 93(17)	0.041 9(5)

续表

原子	原子分数坐标			U_{iso}^{*}/U_{eq}
	x	y	z	
O6	0.912 07(19)	0.213 5(2)	0.284 25(19)	0.049 8(6)
O7	0.366 11(18)	0.234 12(17)	0.166 44(15)	0.034 5(5)
O8	0.113 5(2)	0.195 8(2)	0.084 3(2)	0.060 8(7)
O9	0.476 2(6)	0.663 2(5)	0.252 1(6)	0.161(2)
H9	0.436 9	0.712 0	0.229 9	0.241*
S1	0.256 35(10)	0.043 79(11)	0.531 92(8)	0.072 7(3)
S2	0.762 3(3)	0.562 5(2)	0.079 7(2)	0.098 9(13)
S2’	0.828 6(6)	0.487 0(7)	0.021 9(6)	0.097(3)
C1	0.403 0(3)	–0.045 1(3)	0.254 5(3)	0.043 4(8)
C2	0.400 7(3)	0.044 8(3)	0.356 8(2)	0.036 8(7)
H2	0.424 7	0.012 1	0.420 9	0.044*
C3	0.263 7(3)	0.061 0(3)	0.326 6(3)	0.046 5(8)
H3a	0.247 2	0.108 4	0.274 3	0.056*
H3b	0.204 0	–0.017 5	0.287 6	0.056*
C4	0.235 5(4)	0.121 2(3)	0.426 0(3)	0.059 6(10)
H4a	0.147 3	0.129 2	0.397 6	0.072*
H4b	0.291 5	0.201 7	0.462 0	0.072*
C5	0.131 4(4)	–0.090 7(4)	0.456 0(4)	0.090 5(15)
H5a	0.049 6	–0.070 6	0.428 7	0.136*
H5b	0.131 4	–0.139 1	0.505 1	0.136*
H5c	0.146 1	–0.134 8	0.393 3	0.136*
C6	0.555 2(3)	0.220 8(3)	0.489 4(3)	0.039 4(7)

续表

原子	原子分数坐标			U^{*}_{iso} / U_{eq}
	x	*y*	*z*	
H6	0.538 0	0.191 7	0.543 4	0.047*
C7	0.651 8(3)	0.335 6(3)	0.529 5(2)	0.039 4(7)
C8	0.666 2(3)	0.403 9(3)	0.460 0(2)	0.034 7(7)
C9	0.766 0(3)	0.506 8(3)	0.501 4(3)	0.044 4(8)
C10	0.848 6(3)	0.544 6(3)	0.614 4(3)	0.058 0(10)
H10	0.914 8	0.614 0	0.643 1	0.070*
C11	0.832 9(4)	0.479 9(3)	0.684 4(3)	0.061 2(10)
H11	0.888 1	0.506 3	0.760 6	0.073*
C12	0.736 3(3)	0.376 0(3)	0.643 0(3)	0.051 3(9)
H12	0.727 5	0.332 6	0.691 3	0.062*
C13	0.892 3(4)	0.638 9(3)	0.446 1(3)	0.066 1(11)
H13a	0.920 6	0.702 8	0.515 4	0.099*
H13b	0.882 5	0.672 3	0.385 0	0.099*
H13c	0.955 1	0.591 7	0.452 0	0.099*
C14	0.796 1(3)	0.204 3(3)	0.258 2(3)	0.037 2(7)
C15	0.719 6(3)	0.228 2(3)	0.147 3(3)	0.039 1(7)
H15	0.735 2	0.178 2	0.086 0	0.047*
C16	0.766 4(3)	0.361 0(3)	0.159 7(3)	0.060 0(10)
H16a	0.760 2	0.408 7	0.226 5	0.072*
H16b	0.857 2	0.376 0	0.173 6	0.072*
H16c	0.859 1	0.388 1	0.202 4	0.072*
H16d	0.725 3	0.410 8	0.198 2	0.072*

续表

原子	原子分数坐标			U_{iso}^* / U_{eq}
	x	y	z	
C17	0.697 7(11)	0.407 7(9)	0.061 8(10)	0.077(3)
H17a	0.607 7	0.397 2	0.050 1	0.092*
H17b	0.700 6	0.358 5	−0.006 1	0.092*
C18	0.880 1(13)	0.530 0(14)	0.029 4(14)	0.142(5)
H18a	0.916 9	0.470 2	0.059 3	0.213*
H18b	0.946 6	0.601 8	0.053 0	0.213*
H18c	0.841 1	0.500 2	−0.051 6	0.213*
C17′	0.730(2)	0.367 4(18)	0.038(2)	0.059(5)
H17c	0.641 4	0.374 7	0.008 2	0.071*
H17d	0.732 9	0.291 9	−0.008 3	0.071*
C18′	0.882(3)	0.612 1(16)	0.144 8(17)	0.129(8)
H18d	0.818 0	0.611 4	0.175 7	0.194*
H18e	0.895 2	0.685 2	0.125 4	0.194*
H18f	0.961 6	0.607 4	0.199 7	0.194*
C19	0.499 6(3)	0.164 9(3)	0.018 6(2)	0.036 4(7)
H19	0.532 0	0.152 4	−0.036 8	0.044*
C20	0.359 5(3)	0.143 7(2)	−0.019 5(2)	0.034 4(7)
C21	0.297 2(3)	0.178 4(2)	0.050 5(2)	0.034 0(7)
C22	0.163 3(3)	0.158 3(3)	0.007 2(3)	0.043 3(8)
C23	0.092 2(3)	0.103 7(3)	−0.107 6(3)	0.054 6(9)
H23	0.002 8	0.090 0	−0.137 5	0.066*
C24	0.153 4(3)	0.069 4(3)	−0.177 9(3)	0.054 6(9)

续表

原子	原子分数坐标			U^*_{iso} / U_{eq}
	x	*y*	*z*	
H24	0.105 0	0.032 8	−0.254 8	0.066*
C25	0.285 8(3)	0.089 2(3)	−0.134 7(3)	0.042 3(8)
H25	0.326 3	0.066 1	−0.182 6	0.051*
C26	−0.022 8(3)	0.180 5(4)	0.044 9(4)	0.077 9(13)
H26a	−0.050 2	0.227 4	−0.005 6	0.117*
H26b	−0.045 0	0.206 7	0.108 0	0.117*
H26c	−0.064 9	0.097 1	0.005 9	0.117*
C27	0.468 0(3)	0.411 2(3)	0.323 0(3)	0.044 5(8)
H27a	0.488 9	0.498 5	0.347 6	0.053*
H27b	0.419 6	0.382 0	0.362 5	0.053*
C28	0.390 6(3)	0.363 8(3)	0.197 6(3)	0.045 9(8)
H28a	0.309 8	0.388 3	0.177 5	0.055*
H28b	0.438 2	0.395 0	0.158 3	0.055*
C29	0.576 5(6)	0.664 4(5)	0.221 3(5)	0.108 1(18)
H29a	0.639 4	0.739 7	0.262 5	0.162*
H29b	0.546 3	0.654 6	0.141 8	0.162*
H29c	0.615 1	0.599 8	0.237 7	0.162*
$CoL^2 \cdot H_2O$				
Co1	0.123 37(8)	0.198 65(5)	0.211 55(5)	0.030 2(3)
S1	0.626 51(19)	0.016 80(13)	0.444 12(14)	0.060 0(6)
S2	−0.425 74(19)	0.122 36(13)	0.070 00(14)	0.062 1(6)

续表

原子	原子分数坐标			U_{iso}^{*}/U_{eq}
	x	y	z	
N1	0.275 5(4)	0.190 9(3)	0.338 1(3)	0.030 8(12)
N2	−0.028 9(4)	0.213 4(3)	0.085 1(3)	0.029 7(12)
O1	0.256 2(4)	0.259 4(3)	0.194 7(3)	0.041 7(12)
O2	0.460 6(4)	0.302 5(3)	0.261 5(3)	0.050 0(13)
O3	0.056 2(4)	0.098 4(2)	0.260 5(2)	0.030 8(10)
O4	−0.133 9(4)	0.033 1(3)	0.275 9(3)	0.056 6(14)
O5	0.015 0(4)	0.272 0(3)	0.239 2(3)	0.045 1(12)
O6	−0.167 4(5)	0.341 7(3)	0.183 4(3)	0.061 0(15)
O7	0.161 1(4)	0.094 6(2)	0.154 1(2)	0.029 3(10)
O8	0.334 3(4)	0.015 7(3)	0.130 6(3)	0.042 5(12)
O9	0.736 7(5)	0.317 1(4)	0.311 8(3)	0.112(3)
H9c	0.654 0	0.313 9	0.290 1	0.134*
H9d	0.754 2	0.324 4	0.269 2	0.134*
C1	0.370 2(7)	0.265 9(4)	0.261 0(4)	0.036 7(16)
C2	0.398 1(6)	0.218 5(4)	0.344 6(4)	0.033 3(16)
H2	0.443 0	0.252 2	0.397 5	0.040*
C3	0.485 1(6)	0.148 5(4)	0.352 8(4)	0.039 0(17)
H3a	0.439 7	0.115 6	0.300 1	0.047*
H3b	0.564 1	0.168 1	0.353 5	0.047*
C4	0.523 8(6)	0.098 2(4)	0.434 3(4)	0.044 6(18)
H4a	0.444 9	0.078 3	0.433 4	0.054*
H4b	0.568 7	0.131 1	0.487 0	0.054*

续表

原子	原子分数坐标			U^{*}_{iso} / U_{eq}
	x	y	z	
C5	0.509 2(8)	−0.047 0(5)	0.363 6(5)	0.078(3)
H5a	0.448 8	−0.064 2	0.383 7	0.117*
H5b	0.552 6	−0.092 0	0.355 5	0.117*
H5c	0.462 2	−0.019 5	0.307 8	0.117*
C6	0.266 3(6)	0.182 0(4)	0.408 9(4)	0.034 1(16)
H6	0.336 2	0.198 5	0.462 7	0.041*
C7	0.153 4(6)	0.147 8(4)	0.411 4(4)	0.032 3(16)
C8	0.057 7(6)	0.107 9(4)	0.342 8(4)	0.031 8(16)
C9	−0.045 7(7)	0.072 6(4)	0.349 4(5)	0.040 5(18)
C10	−0.050 5(8)	0.080 6(5)	0.428 5(5)	0.054(2)
H10	−0.120 7	0.059 9	0.433 8	0.065*
C11	0.047 7(8)	0.119 0(4)	0.498 8(5)	0.049(2)
H11	0.045 7	0.122 3	0.552 7	0.058*
C12	0.149 0(6)	0.152 7(4)	0.491 7(4)	0.041 6(18)
H12	0.215 1	0.178 8	0.540 4	0.050*
C13	−0.238 5(7)	−0.005 4(6)	0.278 4(5)	0.081(3)
H13a	−0.206 5	−0.050 6	0.316 9	0.122*
H13b	−0.300 5	−0.022 2	0.219 1	0.122*
H13c	−0.280 6	0.030 0	0.300 8	0.122*
C14	−0.090 3(7)	0.296 4(4)	0.176 3(5)	0.037 3(16)
C15	−0.132 6(5)	0.264 8(4)	0.082 9(4)	0.034 2(16)
H15	−0.144 0	0.309 5	0.043 3	0.041*

续表

原子	原子分数坐标			U_{iso}^{*}/U_{eq}
	x	*y*	*z*	
C16	−0.261 2(6)	0.222 9(4)	0.048 6(4)	0.039 2(17)
H16a	−0.326 5	0.260 6	0.044 8	0.047*
H16b	−0.287 4	0.204 4	−0.011 6	0.047*
C17	−0.261 5(6)	0.155 4(4)	0.102 9(5)	0.051 3(19)
H17a	−0.219 1	0.170 5	0.165 5	0.062*
H17b	−0.211 7	0.112 3	0.096 3	0.062*
C18	−0.470 7(8)	0.187 9(5)	0.131 0(5)	0.079(3)
H18a	−0.412 3	0.181 5	0.193 9	0.119*
H18b	−0.558 8	0.176 8	0.118 8	0.119*
H18c	−0.465 6	0.241 2	0.113 7	0.119*
C19	−0.028 9(5)	0.195 6(4)	0.013 7(4)	0.028 6(14)
H19	−0.097 7	0.214 8	−0.039 0	0.034*
C20	0.067 5(6)	0.148 1(4)	0.005 2(4)	0.028 6(15)
C21	0.157 6(5)	0.100 9(4)	0.072 2(4)	0.027 5(14)
C22	0.248 4(6)	0.057 9(4)	0.059 4(4)	0.033 6(16)
C23	0.248 9(6)	0.062 8(4)	−0.021 4(4)	0.035 0(16)
H23	0.309 6	0.034 0	−0.030 5	0.042*
C24	0.161 1(6)	0.109 5(4)	−0.087 5(4)	0.034 7(16)
H24	0.162 5	0.112 9	−0.141 7	0.042*
C25	0.070 2(6)	0.151 8(4)	−0.075 3(4)	0.034 5(16)
H25	0.009 8	0.183 3	−0.121 4	0.041*
C26	0.406 6(7)	−0.042 5(4)	0.115 5(5)	0 053(2)

续表

原子	原子分数坐标			U_{iso}^* / U_{eq}
	x	*y*	*z*	
H26a	0.347 8	−0.079 7	0.072 4	0.080*
H26b	0.461 4	−0.069 4	0.170 6	0.080*
H26c	0.460 2	−0.018 6	0.093 2	0.080*
C27	0.112 5(6)	0.024 8(4)	0.253 7(4)	0.034 9(16)
H27a	0.065 9	−0.019 4	0.261 6	0.042*
H27b	0.204 0	0.021 7	0.298 7	0.042*
C28	0.099 3(6)	0.024 0(4)	0.162 2(4)	0.036 2(16)
H28a	0.141 9	−0.022 3	0.154 2	0.043*
H28b	0.007 6	0.023 1	0.117 4	0.043*
$NiL^3 \cdot 2CH_3OH$				
Ni1	0.500 0	0.478 98(5)	0.250 0	0.034 3(3)
S1	0.263 52(15)	0.592 61(9)	0.297 53(7)	0.046 6(4)
N1	0.326 3(4)	0.471 1(2)	0.164 2(2)	0.037 5(10)
O1	0.411 0(4)	0.559 7(2)	0.307 86(18)	0.047 0(9)
O2	0.171 1(5)	0.548 1(3)	0.336 5(2)	0.070 5(13)
O3	0.267 1(5)	0.675 0(3)	0.314 9(2)	0.074 1(14)
O4	0.590 9(4)	0.385 6(2)	0.202 67(18)	0.046 9(10)
O5	0.824 9(5)	0.333 0(3)	0.158 2(2)	0.076 7(14)
O6	0.436 3(8)	0.113 2(5)	0.041 0(3)	0.120(2)
H6	0.386 3	0.090 6	0.066 5	0.181*
C1	0.192 2(6)	0.584 2(4)	0.202 6(3)	0.052 8(15)
H1a	0.094 7	0.607 2	0.192 5	0.063*

续表

原子	原子分数坐标			U^*_{iso} / U_{eq}
	x	y	z	
H1b	0.254 5	0.613 8	0.176 0	0.063*
C2	0.182 0(6)	0.501 3(4)	0.174 3(3)	0.053 2(16)
H2a	0.143 4	0.468 3	0.208 5	0.064*
H2b	0.113 7	0.499 4	0.128 0	0.064*
C3	0.336 1(6)	0.444 2(3)	0.100 7(3)	0.043 8(13)
H3	0.251 0	0.445 9	0.065 1	0.053*
C4	0.467 5(6)	0.411 3(3)	0.079 0(3)	0.040 9(13)
C5	0.590 5(6)	0.384 2(3)	0.127 7(3)	0.043 4(13)
C6	0.713 9(7)	0.357 1(3)	0.104 3(3)	0.050 2(14)
C7	0.716 8(8)	0.356 7(4)	0.029 4(3)	0.060 5(17)
H7	0.800 1	0.339 9	0.012 6	0.073*
C8	0.594 2(8)	0.381 5(4)	−0.018 8(3)	0.059 8(17)
H8	0.595 2	0.380 2	−0.068 6	0.072*
C9	0.471 1(7)	0.407 9(3)	0.004 3(3)	0.050 7(15)
H9	0.389 6	0.423 7	−0.029 8	0.061*
C10	0.567 5(10)	0.313 1(4)	0.237 0(4)	0.089(3)
H10a	0.566 8	0.271 2	0.202 2	0.107*
H10b	0.648 2	0.303 9	0.277 6	0.107*
C11	0.957 9(8)	0.306 6(5)	0.139 0(5)	0.098(3)
H11a	0.936 3	0.267 0	0.102 3	0.147*
H11b	1.020 7	0.285 7	0.181 5	0.147*
H11c	1.006 7	0.349 2	0.120 3	0.147*

续表

原子	原子分数坐标			U_{iso}^{*} / U_{eq}
	x	*y*	*z*	
C12	0.409 9(13)	0.194 5(7)	0.043 3(6)	0.136(4)
H12a	0.341 1	0.204 6	0.075 0	0.205*
H12b	0.370 0	0.212 8	−0.005 0	0.205*
H12a	0.500 9	0.220 9	0.061 4	0.205*

注：1. 括号中的数字代表前面数值的不确定度。

2. “*”表示该参数的可靠性较低或者该参数是在受到限制的条件下得到的。

附表 -2　配合物的原子位移参数

单位：$Å^2$

原子	原子位移参数					
	U^{11}	U^{22}	U^{33}	U^{12}	U^{13}	U^{23}
$NiL^1 \cdot 3CH_3OH$						
Ni1	0.049 2(7)	0.038 6(6)	0.039 0(6)	−0.001 8(7)	0.005 3(5)	−0.000 7(6)
N1	0.040(4)	0.042(4)	0.042(4)	−0.002(5)	0.000(3)	0.002(4)
N2	0.065(6)	0.060(6)	0.050(6)	0.006(5)	−0.002(5)	0.003(4)
N3	0.052(4)	0.038(4)	0.046(4)	−0.001(5)	0.009(3)	0.002(5)
N4	0.117(11)	0.081(8)	0.088(9)	0.000(7)	0.042(8)	−0.015(6)
O1	0.050(4)	0.052(4)	0.054(4)	−0.005(3)	0.004(4)	0.005(3)
O2	0.054(6)	0.116(7)	0.077(6)	−0.009(5)	0.014(5)	0.013(5)
O3	0.051(4)	0.037(4)	0.042(3)	−0.002(3)	0.010(3)	−0.005(3)
O4	0.057(5)	0.067(5)	0.061(5)	−0.011(4)	0.017(4)	−0.008(4)
O5	0.070(5)	0.040(4)	0.044(4)	0.008(4)	0.006(4)	0.004(3)
O6	0.107(7)	0.044(4)	0.065(5)	0.013(4)	0.023(5)	0.017(4)

续表

原子	原子位移参数					
	U^{11}	U^{22}	U^{33}	U^{12}	U^{13}	U^{23}
O7	0.053(5)	0.036(3)	0.043(4)	−0.005(3)	0.006(3)	−0.006(3)
O8	0.091(6)	0.038(4)	0.061(5)	−0.004(4)	0.001(4)	0.004(3)
O9	0.092(7)	0.103(8)	0.094(7)	0.003(7)	0.014(6)	−0.029(6)
O10	0.154(13)	0.211(14)	0.147(11)	0.060(11)	0.059(10)	0.057(11)
C1	0.047(7)	0.050(5)	0.053(7)	0.002(5)	0.005(6)	0.009(5)
C2	0.052(6)	0.039(5)	0.042(5)	0.001(5)	0.009(5)	0.002(4)
C3	0.053(7)	0.053(6)	0.050(6)	−0.001(5)	0.006(5)	0.008(4)
C4	0.063(8)	0.050(6)	0.055(7)	0.008(6)	0.010(6)	0.005(5)
C5	0.060(7)	0.047(6)	0.041(6)	0.003(5)	0.008(5)	0.009(4)
C6	0.058(7)	0.048(5)	0.054(7)	−0.008(5)	0.013(6)	0.002(5)
C7	0.056(7)	0.050(6)	0.057(7)	0.005(6)	0.001(6)	0.009(5)
C8	0.049(7)	0.061(7)	0.065(7)	−0.004(6)	−0.002(6)	−0.003(6)
C9	0.061(8)	0.059(7)	0.083(9)	0.003(6)	0.003(7)	0.006(6)
C10	0.063(8)	0.061(7)	0.074(8)	−0.001(6)	0.004(7)	−0.009(6)
C11	0.065(8)	0.052(6)	0.063(7)	−0.007(6)	0.008(6)	−0.001(5)
C12	0.055(7)	0.036(5)	0.038(5)	0.003(5)	0.010(5)	−0.004(4)
C13	0.042(6)	0.038(5)	0.047(6)	−0.003(4)	0.002(5)	−0.009(4)
C14	0.045(6)	0.039(5)	0.051(6)	−0.002(5)	0.000(5)	−0.008(4)
C15	0.055(7)	0.047(5)	0.049(6)	−0.006(5)	0.009(5)	−0.002(4)
C16	0.046(7)	0.047(5)	0.065(7)	−0.003(5)	0.003(5)	−0.004(5)
C17	0.066(8)	0.056(6)	0.063(7)	−0.008(6)	0.004(6)	−0.019(5)
C18	0.056(7)	0.046(5)	0.049(6)	−0.003(5)	0.012(5)	−0.014(4)

续表

原子	原子位移参数					
	U^{11}	U^{22}	U^{33}	U^{12}	U^{13}	U^{23}
C19	0.057(8)	0.096(9)	0.078(8)	−0.015(7)	0.027(6)	0.013(7)
C20	0.062(8)	0.053(6)	0.046(7)	0.000(6)	0.012(6)	0.003(5)
C21	0.070(8)	0.045(6)	0.042(6)	−0.008(5)	0.012(6)	0.003(4)
C22	0.084(9)	0.052(6)	0.051(6)	0.001(6)	0.020(6)	−0.001(5)
C23	0.096(10)	0.068(8)	0.066(8)	−0.006(8)	0.023(7)	0.005(6)
C24	0.088(9)	0.058(6)	0.054(7)	−0.016(7)	0.026(7)	−0.004(5)
C25	0.090(9)	0.073(9)	0.064(8)	−0.011(7)	0.029(7)	−0.006(6)
C26	0.105(12)	0.082(9)	0.072(9)	−0.017(9)	0.033(9)	−0.017(7)
C27	0.117(14)	0.093(10)	0.089(12)	−0.018(10)	0.044(10)	−0.018(9)
C28	0.123(15)	0.108(12)	0.087(12)	−0.032(12)	0.033(11)	−0.037(9)
C29	0.113(13)	0.119(13)	0.084(11)	−0.032(10)	0.029(9)	−0.002(8)
C30	0.107(12)	0.096(9)	0.073(9)	−0.019(9)	0.033(9)	−0.010(8)
C31	0.070(9)	0.049(6)	0.042(6)	−0.007(6)	0.002(6)	−0.008(5)
C32	0.070(8)	0.040(5)	0.048(7)	−0.011(5)	0.007(6)	−0.005(4)
C33	0.065(8)	0.041(5)	0.048(6)	−0.011(5)	0.008(5)	−0.008(4)
C34	0.068(8)	0.041(5)	0.049(6)	−0.004(5)	0.008(6)	−0.002(4)
C35	0.094(9)	0.044(6)	0.062(8)	−0.021(6)	0.006(7)	−0.002(5)
C36	0.103(11)	0.056(7)	0.066(8)	−0.017(7)	−0.003(7)	−0.017(6)
C37	0.102(10)	0.053(7)	0.058(7)	−0.010(7)	−0.004(7)	−0.010(5)
C38	0.136(14)	0.052(7)	0.095(10)	−0.013(8)	−0.002(9)	0.024(6)
C39	0.054(8)	0.038(5)	0.053(7)	0.004(5)	0.006(6)	−0.009(4)
C40	0.059(7)	0.040(5)	0.055(6)	−0.003(5)	0.020(5)	−0.007(4)

续表

原子	原子位移参数					
	U^{11}	U^{22}	U^{33}	U^{12}	U^{13}	U^{23}
C41	0.17(2)	0.095(13)	0.153(18)	−0.021(14)	0.054(16)	−0.019(11)
C42	0.097(14)	0.20(2)	0.149(17)	0.023(14)	0.045(13)	0.027(14)
$ZnL^1\cdot 3CH_3OH$						
Zn1	0.055 7(6)	0.043 8(6)	0.042 4(6)	0.000 4(7)	0.007 8(5)	−0.000 2(6)
N1	0.044(4)	0.037(4)	0.044(4)	−0.005(5)	0.008(3)	0.001(5)
N2	0.067(6)	0.057(6)	0.055(6)	0.002(5)	0.004(5)	0.001(4)
N3	0.059(4)	0.032(4)	0.046(4)	0.007(5)	0.012(3)	0.005(4)
N4	0.111(10)	0.079(7)	0.090(9)	−0.002(7)	0.050(8)	0.011(6)
O1	0.055(4)	0.065(5)	0.050(5)	−0.003(3)	0.001(4)	0.000(3)
O2	0.043(4)	0.138(7)	0.077(6)	0.014(4)	0.021(4)	−0.012(5)
O3	0.050(3)	0.028(3)	0.045(3)	0.001(4)	0.011(3)	0.006(3)
O4	0.069(5)	0.072(5)	0.057(5)	0.018(4)	0.028(4)	0.006(4)
O5	0.071(5)	0.045(4)	0.046(5)	−0.004(3)	0.009(4)	0.004(3)
O6	0.113(7)	0.036(4)	0.069(6)	−0.009(4)	0.015(5)	−0.002(4)
O7	0.054(4)	0.035(4)	0.051(4)	0.006(3)	0.008(3)	0.006(3)
O9	0.103(7)	0.102(7)	0.082(7)	−0.004(6)	0.006(6)	0.040(5)
O10	0.120(9)	0.150(8)	0.130(10)	0.010(7)	0.021(8)	0.030(7)
O11	0.180(15)	0.199(16)	0.26(2)	−0.036(12)	−0.084(13)	0.029(15)
C1	0.051(7)	0.053(6)	0.050(7)	−0.007(5)	0.000(6)	−0.002(5)
C2	0.046(6)	0.041(5)	0.051(6)	0.000(4)	0.016(5)	−0.013(4)
C3	0.056(6)	0.047(6)	0.056(7)	0.005(5)	0.014(5)	−0.006(5)
C4	0.057(7)	0.050(6)	0.058(8)	−0.008(5)	0.008(6)	0.002(5)

续表

原子	原子位移参数					
	U^{11}	U^{22}	U^{33}	U^{12}	U^{13}	U^{23}
C5	0.054(6)	0.048(6)	0.048(7)	0.002(5)	0.007(5)	−0.006(5)
C6	0.051(6)	0.037(5)	0.058(7)	0.001(5)	0.006(5)	−0.006(4)
C7	0.056(7)	0.051(6)	0.051(7)	0.001(5)	0.013(6)	−0.012(5)
C8	0.058(7)	0.060(7)	0.066(8)	0.002(6)	0.005(6)	0.003(6)
C9	0.055(7)	0.060(7)	0.082(10)	−0.002(5)	0.002(7)	−0.004(6)
C10	0.059(7)	0.057(7)	0.067(8)	0.002(6)	0.018(6)	0.000(5)
C11	0.064(7)	0.050(7)	0.063(8)	0.007(5)	0.016(6)	0.003(5)
C12	0.048(6)	0.044(5)	0.047(6)	−0.003(5)	0.011(5)	0.005(4)
C13	0.046(6)	0.040(5)	0.053(7)	0.000(4)	0.010(5)	0.008(4)
C14	0.052(7)	0.036(6)	0.050(7)	0.000(5)	0.011(5)	0.005(4)
C15	0.044(6)	0.045(6)	0.055(7)	0.000(5)	0.011(5)	0.004(5)
C16	0.055(7)	0.053(6)	0.064(8)	0.003(5)	0.011(6)	0.003(5)
C17	0.060(7)	0.056(7)	0.074(9)	0.006(5)	−0.005(6)	0.023(6)
C18	0.054(6)	0.048(6)	0.062(7)	0.000(5)	0.011(5)	0.026(5)
C19	0.089(9)	0.080(8)	0.052(8)	0.009(7)	0.025(7)	−0.012(6)
C20	0.059(7)	0.043(6)	0.047(7)	0.005(5)	0.015(5)	0.004(5)
C21	0.064(7)	0.048(7)	0.049(8)	0.003(5)	0.012(6)	0.006(5)
O8	0.101(6)	0.037(4)	0.067(5)	0.007(4)	−0.004(4)	−0.005(3)
C22	0.077(8)	0.054(6)	0.057(7)	0.011(5)	0.026(6)	0.000(5)
C23	0.099(10)	0.070(8)	0.062(9)	0.010(7)	0.035(8)	−0.002(6)
C24	0.085(9)	0.064(8)	0.063(9)	0.003(6)	0.030(7)	0.008(5)
C25	0.089(8)	0.073(8)	0.070(8)	0.008(9)	0.038(7)	0.007(8)

续表

原子	原子位移参数					
	U^{11}	U^{22}	U^{33}	U^{12}	U^{13}	U^{23}
C26	0.098(11)	0.082(9)	0.072(10)	0.022(8)	0.046(9)	0.020(7)
C27	0.108(12)	0.099(11)	0.092(13)	0.009(9)	0.051(10)	0.025(9)
C28	0.123(15)	0.115(13)	0.083(12)	0.015(10)	0.041(11)	0.025(10)
C29	0.107(11)	0.120(15)	0.096(12)	0.014(10)	0.025(9)	0.010(10)
C30	0.095(10)	0.098(10)	0.079(11)	0.014(8)	0.037(9)	0.008(8)
C31	0.072(8)	0.045(7)	0.051(7)	0.008(5)	0.012(6)	−0.005(5)
C32	0.078(8)	0.046(6)	0.050(8)	0.012(5)	0.009(6)	0.007(5)
C33	0.062(7)	0.035(6)	0.049(7)	0.007(5)	0.008(5)	0.010(4)
C34	0.082(8)	0.037(6)	0.058(8)	−0.001(5)	0.001(6)	0.008(5)
C35	0.103(9)	0.047(7)	0.061(9)	0.011(6)	0.004(7)	0.000(5)
C36	0.109(10)	0.053(7)	0.071(9)	0.024(7)	−0.005(7)	0.013(6)
C37	0.108(10)	0.054(8)	0.068(9)	0.015(7)	−0.007(7)	0.006(6)
C38	0.161(14)	0.049(8)	0.083(11)	0.002(8)	0.002(9)	−0.012(6)
C39	0.050(7)	0.032(6)	0.059(8)	−0.004(4)	0.004(6)	0.010(4)
C40	0.063(7)	0.037(5)	0.064(8)	0.000(5)	0.012(6)	0.006(5)
C41	0.112(12)	0.081(10)	0.135(15)	0.004(9)	0.021(11)	0.016(8)
C42	0.101(13)	0.25(2)	0.147(17)	0.014(13)	0.048(13)	0.036(15)
C43	0.17(2)	0.128(17)	0.27(3)	0.011(16)	0.013(19)	−0.006(18)
$CoL^1 \cdot 3CH_3OH$						
Co1	0.092 8(15)	0.053 6(12)	0.064 0(11)	0.001 0(15)	0.014 0(10)	0.000 7(13)
N1	0.098(8)	0.053(6)	0.077(7)	−0.005(8)	0.021(6)	0.001(7)

续表

原子	原子位移参数					
	U^{11}	U^{22}	U^{33}	U^{12}	U^{13}	U^{23}
N2	0.113(10)	0.071(9)	0.082(8)	−0.005(8)	0.019(8)	0.000(7)
N3	0.110(9)	0.058(7)	0.074(7)	−0.001(8)	0.027(6)	0.008(8)
N4	0.132(14)	0.096(12)	0.116(12)	0.001(11)	0.052(11)	0.012(10)
O1	0.087(7)	0.067(6)	0.082(6)	0.004(6)	0.013(5)	0.003(6)
O2	0.108(8)	0.123(10)	0.085(7)	0.006(8)	0.037(6)	−0.012(8)
O3	0.100(6)	0.051(5)	0.074(5)	−0.002(6)	0.023(5)	0.001(6)
O4	0.097(7)	0.078(7)	0.078(6)	0.009(6)	0.022(6)	0.002(6)
O5	0.102(8)	0.065(7)	0.074(6)	0.002(6)	0.023(5)	0.004(5)
O6	0.112(9)	0.079(8)	0.082(7)	0.002(7)	0.022(6)	−0.006(6)
O7	0.097(7)	0.049(5)	0.071(6)	0.000(5)	0.024(5)	−0.004(5)
O8	0.122(9)	0.063(6)	0.086(7)	0.009(6)	0.014(7)	0.001(6)
O9	0.132(11)	0.127(12)	0.116(10)	0.007(10)	0.021(8)	−0.033(9)
O10	0.113(11)	0.25(2)	0.164(13)	0.020(13)	0.039(10)	0.045(15)
O11	0.20(3)	0.28(4)	0.42(4)	0.04(3)	−0.12(3)	−0.01(4)
C1	0.098(11)	0.067(9)	0.076(9)	0.003(9)	0.039(8)	0.001(8)
C2	0.093(10)	0.061(8)	0.079(9)	−0.006(9)	0.015(8)	−0.005(8)
C3	0.110(12)	0.061(9)	0.087(10)	0.006(9)	0.020(9)	−0.006(8)
C4	0.109(12)	0.063(9)	0.081(9)	−0.003(9)	0.016(9)	0.005(9)
C5	0.110(13)	0.059(9)	0.080(10)	0.003(9)	0.022(9)	0.000(8)
C6	0.104(11)	0.061(9)	0.081(9)	0.000(9)	0.037(9)	−0.007(8)
C7	0.112(13)	0.061(9)	0.085(10)	0.000(10)	0.027(10)	−0.006(9)
C8	0.107(13)	0.069(10)	0.089(10)	−0.004(10)	0.031(10)	0.004(9)

续表

原子	原子位移参数					
	U^{11}	U^{22}	U^{33}	U^{12}	U^{13}	U^{23}
C9	0.119(14)	0.075(11)	0.096(11)	−0.005(11)	0.027(11)	−0.003(10)
C10	0.111(13)	0.078(11)	0.088(10)	−0.008(10)	0.045(10)	0.002(10)
C11	0.115(14)	0.069(11)	0.093(11)	0.010(10)	0.032(10)	0.002(9)
C12	0.103(11)	0.054(8)	0.073(9)	−0.003(9)	0.022(8)	0.001(7)
C13	0.090(10)	0.055(8)	0.074(9)	−0.002(8)	0.024(8)	0.002(7)
C14	0.101(11)	0.050(8)	0.078(9)	−0.008(8)	0.022(8)	0.000(8)
C15	0.098(11)	0.058(9)	0.073(8)	−0.001(9)	0.021(8)	0.004(8)
C16	0.101(12)	0.065(10)	0.087(11)	0.005(9)	0.003(9)	−0.002(9)
C17	0.112(13)	0.067(10)	0.098(12)	0.005(10)	0.012(10)	0.009(9)
C18	0.088(10)	0.059(9)	0.081(9)	−0.002(8)	0.016(8)	0.007(8)
C19	0.119(15)	0.101(15)	0.129(15)	0.015(13)	0.053(12)	0.004(13)
C20	0.104(13)	0.060(10)	0.085(10)	0.001(9)	0.023(9)	0.000(9)
C21	0.111(13)	0.067(11)	0.084(10)	−0.004(10)	0.038(10)	−0.002(9)
C22	0.116(13)	0.067(10)	0.082(9)	−0.002(10)	0.037(9)	0.001(9)
C23	0.122(14)	0.084(11)	0.099(12)	0.000(12)	0.047(11)	0.009(11)
C24	0.116(13)	0.082(12)	0.091(11)	−0.002(10)	0.047(11)	0.002(9)
C25	0.121(14)	0.084(13)	0.096(11)	0.004(12)	0.046(10)	0.007(11)
C26	0.123(15)	0.095(13)	0.098(12)	0.017(12)	0.058(12)	0.024(11)
C27	0.14(18)	0.106(16)	0.113(16)	0.004(15)	0.052(14)	0.017(14)
C28	0.140(2)	0.12(19)	0.114(16)	0.013(16)	0.045(15)	0.018(15)
C29	0.132(17)	0.120(2)	0.125(17)	0.010(14)	0.045(14)	0.011(14)
C30	0.129(16)	0.105(15)	0.107(14)	0.005(14)	0.048(12)	0.001(13)

续表

原子	原子位移参数					
	U^{11}	U^{22}	U^{33}	U^{12}	U^{13}	U^{23}
C31	0.116(14)	0.061(9)	0.072(9)	0.010(9)	0.023(9)	0.008(8)
C32	0.113(13)	0.056(9)	0.076(10)	0.017(9)	0.024(9)	0.004(8)
C33	0.116(13)	0.056(9)	0.075(9)	0.010(9)	0.024(9)	0.005(8)
C34	0.121(15)	0.058(9)	0.088(10)	0.011(10)	0.020(10)	0.007(9)
C35	0.132(14)	0.056(9)	0.087(10)	0.016(10)	0.009(10)	0.004(9)
C36	0.134(16)	0.071(11)	0.090(12)	0.017(11)	0.009(11)	0.010(10)
C37	0.132(15)	0.070(11)	0.087(11)	0.015(11)	0.015(11)	0.008(9)
C38	0.18(2)	0.065(12)	0.114(14)	0.003(13)	0.001(14)	−0.017(11)
C39	0.101(12)	0.053(9)	0.078(10)	−0.001(8)	0.018(9)	−0.003(8)
C40	0.100(11)	0.060(9)	0.087(10)	0.002(9)	0.028(9)	0.004(8)
C41	0.103(15)	0.13(2)	0.19(2)	0.015(15)	0.040(15)	0.026(18)
C42	0.14(2)	0.27(4)	0.20(3)	0.050(3)	0.039(19)	0.08(3)
C43	0.17(4)	0.21(4)	0.45(8)	−0.03(4)	−0.01(4)	−0.02(5)
$MnL^1 \cdot 3CH_3OH$						
Mn1	0.146(9)	0.124(11)	0.145(10)	0.010(10)	0.006(6)	0.000(10)
N1	0.14(5)	0.11(5)	0.15(5)	0.01(5)	0.01(4)	0.00(5)
N2	0.14(5)	0.11(6)	0.15(6)	0.02(4)	0.01(5)	0.00(5)
N3	0.15(4)	0.12(6)	0.16(6)	0.02(6)	0.02(4)	−0.01(7)
N4	0.17(6)	0.13(7)	0.17(7)	0.01(5)	0.03(5)	0.00(6)
O1	0.15(4)	0.11(5)	0.15(4)	0.01(3)	0.01(4)	0.00(4)
O2	0.16(4)	0.11(4)	0.15(5)	0.00(4)	0.04(3)	0.01(3)
O3	0.15(3)	0.12(4)	0.15(4)	0.01(4)	0.02(3)	0.00(4)

续表

原子	原子位移参数					
	U^{11}	U^{22}	U^{33}	U^{12}	U^{13}	U^{23}
O4	0.15(5)	0.13(5)	0.15(5)	0.02(4)	0.03(4)	0.00(4)
O5	0.15(4)	0.12(5)	0.15(4)	0.01(3)	0.02(3)	0.00(4)
O6	0.14(4)	0.14(5)	0.18(5)	−0.01(4)	0.02(3)	−0.01(5)
O7	0.15(4)	0.12(5)	0.15(5)	0.02(4)	0.01(4)	−0.01(4)
O8	0.16(4)	0.12(5)	0.15(5)	0.00(4)	0.02(3)	−0.01(4)
O9	0.21(5)	0.15(6)	0.22(6)	0.00(5)	0.02(4)	−0.03(5)
O10	0.27(7)	0.24(8)	0.30(7)	0.10(6)	0.10(6)	0.06(7)
O11	0.27(8)	0.29(16)	0.46(18)	0.05(11)	0.10(10)	0.13(14)
C1	0.14(7)	0.11(7)	0.15(7)	0.01(6)	0.02(8)	0.00(7)
C2	0.14(6)	0.11(7)	0.15(6)	0.01(6)	0.01(5)	0.00(5)
C3	0.14(6)	0.12(7)	0.15(7)	0.02(5)	0.01(5)	0.00(6)
C4	0.14(7)	0.12(7)	0.15(7)	0.02(5)	0.00(6)	0.00(6)
C5	0.14(7)	0.11(7)	0.15(8)	0.02(6)	0.01(6)	0.00(7)
C6	0.14(8)	0.12(9)	0.15(10)	0.02(6)	0.00(8)	0.00(7)
C7	0.14(7)	0.12(8)	0.15(9)	0.02(6)	0.01(7)	0.00(7)
C8	0.14(7)	0.12(8)	0.15(8)	0.02(6)	0.00(6)	0.00(6)
C9	0.14(6)	0.12(8)	0.15(8)	0.01(6)	0.01(6)	0.00(6)
C10	0.14(7)	0.12(8)	0.16(8)	0.02(6)	0.01(6)	0.00(6)
C11	0.14(8)	0.12(8)	0.15(8)	0.02(6)	0.01(6)	0.00(6)
C12	0.15(7)	0.12(7)	0.15(7)	0.01(5)	0.01(6)	0.00(6)
C13	0.15(7)	0.12(8)	0.15(8)	0.02(6)	0.02(7)	0.00(7)
C14	0.15(9)	0.12(9)	0.15(10)	0.02(7)	0.02(7)	0.00(7)

续表

原子	原子位移参数					
	U^{11}	U^{22}	U^{33}	U^{12}	U^{13}	U^{23}
C15	0.15(8)	0.12(9)	0.15(9)	0.02(6)	0.02(7)	0.00(7)
C16	0.15(7)	0.12(9)	0.15(8)	0.02(6)	0.02(7)	0.00(7)
C17	0.15(8)	0.12(8)	0.15(8)	0.02(6)	0.02(6)	0.00(7)
C18	0.15(7)	0.12(7)	0.15(7)	0.02(5)	0.02(5)	0.00(6)
C19	0.17(7)	0.12(7)	0.19(8)	0.05(6)	0.03(6)	−0.01(6)
C20	0.16(8)	0.13(10)	0.16(10)	0.01(7)	0.02(7)	−0.01(10)
C21	0.15(8)	0.12(9)	0.16(9)	0.02(7)	0.02(6)	0.00(7)
C22	0.16(8)	0.13(8)	0.16(8)	0.02(6)	0.03(6)	−0.01(7)
C23	0.16(8)	0.13(8)	0.16(9)	0.02(7)	0.03(6)	−0.01(7)
C24	0.16(8)	0.13(10)	0.16(10)	0.02(7)	0.03(7)	−0.01(8)
C25	0.16(8)	0.13(11)	0.16(11)	0.02(8)	0.02(8)	−0.01(9)
C26	0.16(9)	0.13(10)	0.17(10)	0.02(7)	0.03(9)	−0.01(9)
C27	0.17(8)	0.13(8)	0.17(9)	0.02(7)	0.02(6)	−0.01(8)
C28	0.17(9)	0.13(9)	0.17(9)	0.02(7)	0.03(7)	−0.01(9)
C29	0.17(8)	0.13(9)	0.17(10)	0.02(6)	0.03(7)	−0.01(7)
C30	0.16(8)	0.13(8)	0.17(9)	0.02(6)	0.02(6)	−0.01(7)
C31	0.16(7)	0.12(8)	0.16(9)	0.01(6)	0.02(6)	−0.01(8)
C32	0.15(7)	0.12(10)	0.15(9)	0.01(7)	0.02(6)	−0.01(8)
C33	0.15(7)	0.12(9)	0.15(9)	0.01(7)	0.02(6)	−0.01(8)
C34	0.15(7)	0.12(8)	0.15(9)	0.01(6)	0.01(6)	−0.01(8)
C35	0.15(7)	0.12(8)	0.15(8)	0.01(6)	0.02(5)	−0.01(7)
C36	0.16(7)	0.12(8)	0.16(8)	0.00(6)	0.02(6)	−0.01(7)

续表

原子	原子位移参数					
	U^{11}	U^{22}	U^{33}	U^{12}	U^{13}	U^{23}
C37	0.16(7)	0.12(8)	0.16(8)	0.01(6)	0.01(5)	−0.01(7)
C38	0.17(6)	0.13(7)	0.16(7)	0.01(6)	0.03(5)	0.00(6)
C39	0.15(6)	0.12(8)	0.15(7)	0.02(6)	0.02(5)	0.00(7)
C40	0.15(6)	0.12(7)	0.16(7)	0.01(5)	0.01(5)	0.00(6)
C41	0.23(8)	0.11(7)	0.23(10)	0.02(6)	0.06(7)	0.00(7)
C42	0.22(9)	0.28(13)	0.27(9)	0.09(9)	0.16(7)	0.10(10)
C43	0.27(12)	0.3(2)	0.5(3)	0.02(18)	0.10(17)	0.1(2)
$NiL^2 \cdot H_2O$						
Ni1	0.029 0(5)	0.032 1(5)	0.028 9(4)	0.005 0(4)	0.011 6(4)	0.006 9(4)
S1	0.092(3)	0.086(4)	0.111(4)	−0.001(2)	0.019(3)	0.070(3)
S1’	0.092(16)	0.086(16)	0.111(17)	−0.001(12)	0.019(12)	0.070(14)
S2	0.053 4(13)	0.114(2)	0.042 6.(11)	0.001 9(13)	0.024 3(10)	0.016 5(12)
N1	0.023(3)	0.033(3)	0.031(3)	0.005(2)	0.014(2)	0.009(2)
N2	0.026(3)	0.035(3)	0.031(3)	0.004(3)	0.011(2)	0.014(3)
O1	0.034(3)	0.047(3)	0.035(2)	0.010(2)	0.013(2)	0.014(2)
O2	0.027(3)	0.054(3)	0.048(3)	0.011(2)	0.006(2)	0.014(2)
O3	0.030(2)	0.032(3)	0.026(2)	0.004(2)	0.008 8(19)	0.004(2)
O4	0.031(3)	0.082(4)	0.054(3)	0.010(3)	0.021(2)	0.009(3)
O5	0.049(3)	0.032(3)	0.039(3)	0.008(2)	0.021(2)	0.002(2)
O6	0.090(4)	0.030(3)	0.069(3)	−0.002(3)	0.038(3)	0.008(3)
O7	0.034(3)	0.032(3)	0.030(2)	0.007(2)	0.006(2)	0.011(2)
O8	0.057(3)	0.056(4)	0.051(3)	−0.017(3)	0.002(3)	0.020(3)

续表

原子	原子位移参数					
	U^{11}	U^{22}	U^{33}	U^{12}	U^{13}	U^{23}
O9	0.115(5)	0.088(5)	0.136(6)	0.017(4)	0.014(4)	0.025(5)
C1	0.034(4)	0.027(4)	0.035(4)	0.007(3)	0.012(3)	0.007(3)
C2	0.030(4)	0.040(4)	0.031(3)	0.010(3)	0.012(3)	0.005(3)
C3	0.041(4)	0.050(5)	0.054(4)	0.001(4)	0.010(4)	0.026(4)
C4	0.067(6)	0.071(6)	0.075(6)	−0.003(5)	0.011(5)	0.048(5)
C5	0.138(14)	0.076(10)	0.118(11)	−0.005(9)	−0.014(10)	0.038(9)
C5’	0.14(7)	0.08(5)	0.12(5)	−0.01(4)	−0.01(4)	0.04(4)
C6	0.030(4)	0.040(4)	0.028(3)	0.012(3)	0.013(3)	0.010(3)
C7	0.026(4)	0.037(4)	0.031(3)	0.010(3)	0.011(3)	0.013(3)
C8	0.027(4)	0.037(4)	0.034(4)	0.009(3)	0.006(3)	0.009(3)
C9	0.027(4)	0.043(5)	0.040(4)	0.011(3)	0.013(3)	0.004(3)
C10	0.026(4)	0.058(5)	0.052(4)	0.006(4)	0.006(4)	0.007(4)
C11	0.032(4)	0.050(5)	0.033(4)	0.004(4)	−0.001(3)	0.001(4)
C12	0.030(4)	0.039(4)	0.028(3)	0.008(3)	0.006(3)	0.007(3)
C13	0.039(5)	0.108(8)	0.088(6)	0.024(5)	0.029(5)	0.017(6)
C14	0.037(4)	0.043(5)	0.037(4)	0.005(4)	0.014(3)	0.013(4)
C15	0.032(4)	0.036(4)	0.033(4)	0.006(3)	0.014(3)	0.014(3)
C16	0.036(4)	0.048(5)	0.041(4)	0.005(4)	0.014(3)	0.017(4)
C17	0.041(4)	0.050(5)	0.064(5)	0.004(4)	0.027(4)	0.012(4)
C18	0.070(6)	0.112(8)	0.073(6)	−0.006(6)	0.007(5)	0.057(6)
C19	0.035(4)	0.046(5)	0.029(4)	0.001(3)	0.012(3)	0.012(3)
C20	0.030(4)	0.047(5)	0.035(4)	0.004(3)	0.008(3)	0.010(3)

续表

原子	原子位移参数					
	U^{11}	U^{22}	U^{33}	U^{12}	U^{13}	U^{23}
C21	0.027(4)	0.034(4)	0.031(4)	0.002(3)	0.007(3)	0.004(3)
C22	0.037(4)	0.044(5)	0.039(4)	0.002(4)	0.008(3)	0.011(4)
C23	0.040(4)	0.047(5)	0.052(5)	−0.012(4)	0.007(4)	0.006(4)
C24	0.057(5)	0.057(5)	0.029(4)	−0.008(4)	0.000(4)	−0.002(4)
C25	0.051(5)	0.050(5)	0.033(4)	−0.006(4)	0.010(3)	0.007(4)
C26	0.055(5)	0.066(6)	0.074(5)	−0.016(4)	0.028(4)	0.013(5)
C27	0.039(4)	0.044(5)	0.042(4)	0.013(4)	0.005(3)	0.009(4)
C28	0.041(4)	0.041(4)	0.045(4)	0.015(4)	0.005(4)	0.005(4)
$ZnL^2 \cdot CH_3OH$						
Zn1	0.035 8(2)	0.036 3(2)	0.035 5(2)	0.007 5(15)	0.017 3(16)	0.011 6(15)
N1	0.032 6(13)	0.033 4(13)	0.034 6(14)	0.006 7(11)	0.015 1(12)	0.012 9(11)
N2	0.028 8(13)	0.037 0(13)	0.032 3(14)	0.007 6(11)	0.012 5(12)	0.010 9(11)
O1	0.054 7(14)	0.037 5(12)	0.046 8(13)	0.004 3(10)	0.029 5(12)	0.006 1(10)
O2	0.100(2)	0.032 8(13)	0.088(2)	−0.001(14)	0.052 2(17)	0.010 2(13)
O3	0.034 5(11)	0.032 6(10)	0.033 3(11)	0.006 2(9)	0.009 4(9)	0.007 4(9)
O4	0.054 8(15)	0.057 2(15)	0.058 3(16)	−0.01 5(12)	0.005 2(13)	0.023 1(13)
O5	0.039 2(12)	0.053 1(13)	0.038 7(12)	0.013 8(10)	0.016 6(10)	0.020 5(10)
O6	0.026 6(12)	0.058 4(14)	0.055 9(14)	0.004 5(10)	0.009 7(11)	0.016 3(12)
O7	0.033 9(11)	0.036 5(11)	0.031 3(11)	0.008 5(9)	0.011 8(9)	0 009 0(9)
O8	0.033 4(13)	0.088 4(19)	0.060 6(16)	0.015 3(13)	0.021 6(12)	0.018 2(14)
O9	0.210(5)	0.130(4)	0.250(6)	0.085(4)	0.165(5)	0.111(4)
S1	0.057 8(6)	0.108 0(9)	0.052 1(6)	0.008 7(6)	0.027 3(5)	0.022 3(6)

续表

原子	原子位移参数					
	U^{11}	U^{22}	U^{33}	U^{12}	U^{13}	U^{23}
S2	0.107(2)	0.082 3(16)	0.120(2)	0.016 2(13)	0.040 6(16)	0.067 3(15)
S2'	0.085(4)	0.106(4)	0.106(4)	−0.005(3)	0.036(3)	0.068(3)
C1	0.044 1(19)	0.037 1(18)	0.050(2)	0.007 5(15)	0.021 1(16)	0.012 5(15)
C2	0.037 6(17)	0.037 3(16)	0.037 7(17)	0.006 0(14)	0.016 0(14)	0.016 2(14)
C3	0.037 1(18)	0.053(2)	0.050(2)	0.005 8(16)	0.015 7(16)	0.022 7(16)
C4	0.049(2)	0.057(2)	0.074(3)	0.009 8(18)	0.030(2)	0.015(2)
C5	0.078(3)	0.099(4)	0.087(3)	0.003(3)	0.017(3)	0.052(3)
C6	0.038 8(17)	0.046 3(18)	0.035 8(18)	0.009 4(15)	0.016 6(15)	0.015 3(15)
C7	0.037 1(17)	0.040 8(17)	0.034 2(17)	0.005 8(14)	0.012 7(14)	0.005 2(14)
C8	0.032 2(16)	0.034 3(16)	0.032 1(16)	0.009 5(13)	0.009 1(14)	0.005 5(13)
C9	0.042 7(19)	0.038 8(17)	0.042 8(19)	0.004 5(15)	0.011 1(16)	0.009 3(15)
C10	0.048(2)	0.050(2)	0.051(2)	−0.008(17)	0.006 8(18)	0.003 2(17)
C11	0.054(2)	0.068(2)	0.037 3(19)	−0.002(19)	0.002 8(17)	0.007 0(18)
C12	0.051(2)	0.056(2)	0.036 8(18)	0.002 8(17)	0.012 0(16)	0.010 5(16)
C13	0.062(2)	0.060(2)	0.068(3)	−0.004(2)	0.027(2)	0.014(2)
C14	0.035 0(18)	0.031 9(16)	0.038 1(17)	0.005 0(13)	0.011 0(15)	0.006 5(13)
C15	0.029 7(16)	0.050 7(19)	0.039 8(17)	0.007 3(14)	0.017 1(14)	0.015 3(15)
C16	0.045(2)	0.066(2)	0.064(2)	−0.003(18)	0.011 7(18)	0.038(2)
C17	0.075(7)	0.065(7)	0.083(7)	0.006(4)	0.015(5)	0.044(6)
C18	0.109(11)	0.146(14)	0.190(13)	0.029(9)	0.061(10)	0.084(11)
C17'	0.059(10)	0.056(11)	0.073(11)	0.022(7)	0.025(8)	0.036(9)
C18'	0.14(2)	0.090(13)	0.102(14)	−0.003(13)	0.005(14)	0.017(11)

续表

原子	原子位移参数					
	U^{11}	U^{22}	U^{33}	U^{12}	U^{13}	U^{23}
C19	0.038 6(17)	0.038 3(16)	0.034 5(17)	0.007 7(14)	0.018 4(15)	0.010 2(13)
C20	0.034 5(16)	0.031 4(15)	0.033 2(16)	0.007 2(13)	0.009 6(14)	0.009 2(13)
C21	0.031 7(16)	0.033 1(15)	0.035 1(16)	0.007 2(13)	0.010 2(14)	0.012 2(13)
C22	0.032 1(17)	0.046 5(19)	0.049(2)	0.009 6(15)	0.011 9(16)	0.016 6(16)
C23	0.032 2(18)	0.058(2)	0.053(2)	0.002 5(16)	0.001 1(17)	0.009 0(18)
C24	0.050(2)	0.051(2)	0.039 4(19)	0.006 7(17)	−0.002(17)	0.005 2(16)
C25	0.044 0(19)	0.040 3(17)	0.035 2(17)	0.010 5(15)	0.010 2(15)	0.007 0(14)
C26	0.039(2)	0.104(3)	0.099(3)	0.021(2)	0.033(2)	0.035(3)
C27	0.046 3(19)	0.037 8(17)	0.043 9(19)	0.018 6(15)	0.011 1(16)	0.009 1(14)
C28	0.048 6(19)	0.040 8(18)	0.040 7(18)	0.016 4(16)	0.007 8(16)	0.011 6(15)
C29	0.113(5)	0.109(4)	0.111(4)	0.018(4)	0.048(4)	0.051(4)
$CoL^2 \cdot H_2O$						
Co1	0.032 2(5)	0.028 7(5)	0.030 3(5)	−0.002 9(4)	0.015 3(4)	−0.001 6(4)
S1	0.053 4(13)	0.056 1(14)	0.080 8(15)	0.016 5(10)	0.040 6(11)	0.020 9(12)
S2	0.053 4(13)	0.061 4(15)	0.084 0(15)	−0.023(11)	0.042 8(12)	−0.020(12)
N1	0.036(3)	0.028(3)	0.033(3)	−0.001(2)	0.020(3)	0.001(3)
N2	0.027(3)	0.032(3)	0.038(3)	0.000(2)	0.022(3)	−0.003(3)
O1	0.040(3)	0.045(3)	0.033(3)	−0.016(2)	0.011(2)	0.004(2)
O2	0.044(3)	0.048(3)	0.059(3)	−0.014(3)	0.026(2)	0.009(3)
O3	0.037(2)	0.026(3)	0.033(2)	−0.003(19)	0.021(2)	−0.001(2)
O4	0.043(3)	0.076(4)	0.056(3)	−0.020(3)	0.028(3)	0.003(3)
O5	0.047(3)	0.047(3)	0.040(3)	0.010(2)	0.018(3)	−0.005(2)

续表

原子	原子位移参数					
	U^{11}	U^{22}	U^{33}	U^{12}	U^{13}	U^{23}
O6	0.062(3)	0.051(3)	0.075(4)	0.018(3)	0.037(3)	−0.010(3)
O7	0.036(2)	0.030(3)	0.027(2)	−0.005(19)	0.019(2)	0.004(2)
O8	0.049(3)	0.045(3)	0.038(3)	0.018(2)	0.025(2)	0.002(2)
O9	0.048(4)	0.216(9)	0.060(4)	0.002(4)	0.016(3)	−0.022(5)
C1	0.050(5)	0.023(4)	0.043(4)	−0.005(3)	0.027(4)	−0.004(3)
C2	0.036(4)	0.027(4)	0.037(4)	−0.006(3)	0.018(3)	−0.001(3)
C3	0.033(4)	0.043(4)	0.042(4)	0.005(3)	0.018(3)	0.009(4)
C4	0.046(4)	0.045(5)	0.041(4)	−0.001(3)	0.020(4)	0.002(4)
C5	0.124(8)	0.044(5)	0.077(6)	0.023(5)	0.057(6)	−0.001(5)
C6	0.023(4)	0.035(4)	0.033(4)	0.005(3)	0.004(3)	−0.009(3)
C7	0.038(4)	0.031(4)	0.035(4)	0.012(3)	0.024(3)	0.002(3)
C8	0.032(4)	0.038(4)	0.031(4)	0.007(3)	0.019(3)	0.001(3)
C9	0.042(4)	0.043(5)	0.044(4)	0.005(3)	0.026(4)	0.012(4)
C10	0.057(5)	0.062(6)	0.066(5)	0.021(4)	0.048(5)	0.021(5)
C11	0.066(5)	0.054(5)	0.047(5)	0.024(4)	0.044(4)	0.014(4)
C12	0.051(5)	0.038(4)	0.040(4)	0.018(4)	0.025(4)	0.007(3)
C13	0.057(5)	0.116(8)	0.072(6)	−0.026(5)	0.031(5)	0.022(6)
C14	0.046(4)	0.026(4)	0.049(4)	−0.006(4)	0.030(4)	0.001(4)
C15	0.029(4)	0.034(4)	0.040(4)	0.009(3)	0.016(3)	0.011(3)
C16	0.027(4)	0.042(4)	0.047(4)	0.004(3)	0.016(3)	−0.002(4)
C17	0.048(5)	0.045(5)	0.061(5)	−0.007(4)	0.026(4)	−0.001(4)
C18	0.075(6)	0.097(8)	0.084(6)	−0.024(5)	0.053(5)	−0.031(6)

续表

原子	原子位移参数					
	U^{11}	U^{22}	U^{33}	U^{12}	U^{13}	U^{23}
C19	0.022(3)	0.028(4)	0.033(4)	−0.006(3)	0.010(3)	−0.002(3)
C20	0.032(4)	0.023(4)	0.030(4)	−0.009(3)	0.014(3)	−0.010(3)
C21	0.028(4)	0.028(4)	0.024(3)	−0.008(3)	0.010(3)	−0.003(3)
C22	0.034(4)	0.036(4)	0.031(4)	0.000(3)	0.015(3)	0.003(3)
C23	0.033(4)	0.036(4)	0.037(4)	−0.002(3)	0.017(3)	−0.004(3)
C24	0.039(4)	0.042(4)	0.029(4)	−0.008(3)	0.021(3)	−0.005(3)
C25	0.043(4)	0.027(4)	0.027(4)	−0.004(3)	0.011(3)	−0.004(3)
C26	0.060(5)	0.041(5)	0.056(5)	0.012(4)	0.026(4)	0.007(4)
C27	0.051(4)	0.019(4)	0.044(4)	0.001(3)	0.030(3)	0.003(3)
C28	0.042(4)	0.031(4)	0.039(4)	−0.005(3)	0.021(3)	0.000(3)
$NiL^3 \cdot 2CH_3OH$						
Ni1	0.032 4(5)	0.043 1(6)	0.027 0(5)	0.000	0.004 3(4)	0.000
S1	0.041 5(8)	0.060 1(10)	0.038 0(7)	0.011 4(6)	0.006 6(6)	−0.0031(6)
N1	0.034(2)	0.041(3)	0.037(2)	−0.002(18)	0.003 1(18)	−0.006(18)
O1	0.038(2)	0.060(3)	0.041(2)	0.010 0(17)	0.002 8(16)	−0.012(17)
O2	0.052(3)	0.100(4)	0.062(3)	−0.005(2)	0.018(2)	0.000(2)
O3	0.094(4)	0.052(3)	0.072(3)	0.022(2)	0.005(3)	−0.012(2)
O4	0.056(2)	0.054(3)	0.030 6(18)	0.016 2(18)	0.007 6(17)	0.004 7(15)
O5	0.068(3)	0.092(4)	0.072(3)	0.037(3)	0.018(2)	0.000(2)
O6	0.100(5)	0.186(8)	0.078(4)	0.001(5)	0.025(3)	0.011(4)
C1	0.038(3)	0.074(5)	0.045(3)	0.013(3)	0.005(3)	−0.003(3)
C2	0.030(3)	0.076(5)	0.049(3)	−0.003(3)	−0.005(2)	−0.014(3)

续表

原子	原子位移参数					
	U^{11}	U^{22}	U^{33}	U^{12}	U^{13}	U^{23}
C3	0.045(3)	0.047(3)	0.037(3)	−0.008(2)	0.000(2)	−0.003(2)
C4	0.055(3)	0.036(3)	0.031(3)	−0.006(2)	0.004(2)	−0.003(2)
C5	0.057(4)	0.043(3)	0.032(3)	−0.001(3)	0.013(2)	−0.004(2)
C6	0.061(4)	0.048(4)	0.042(3)	0.007(3)	0.010(3)	−0.002(2)
C7	0.068(4)	0.059(4)	0.061(4)	0.005(3)	0.030(3)	−0.014(3)
C8	0.086(5)	0.060(4)	0.039(3)	−0.010(4)	0.024(3)	−0.009(3)
C9	0.071(4)	0.043(4)	0.037(3)	−0.007(3)	0.008(3)	−0.009(2)
C10	0.154(8)	0.051(4)	0.078(5)	0.039(5)	0.059(5)	0.023(3)
C11	0.068(5)	0.121(8)	0.103(6)	0.026(5)	0.011(4)	−0.037(5)
C12	0.198(12)	0.102(9)	0.132(9)	−0.027(8)	0.087(8)	−0.007(7)

注：括号中的数字代表前面数值的不确定度。

附表－3　配合物的扭转角数据

扭转角	度数 / (°)	扭转角	度数/ (°)
$NiL^1 \cdot 3CH_3OH$			
O1—Ni1—N1—C12	153.1(8)	N1—C12—C13—C14	13.3(15)
N3—Ni1—N1—C12	89.0(7)	N1—C12—C13—C18	−166.7(9)
O5—Ni1—N1—C12	56.3(8)	C18—C13—C14—C15	0.4(15)
O3—Ni1—N1—C12	−38.3(8)	C12—C13—C14—C15	−179.5(9)
O7—Ni1—N1—C12	−114.8(8)	C18—C13—C14—O3	−177.3(9)
O1—Ni1—N1—C2	−12.9(6)	C12—C13—C14—O3	2.8(15)
N3—Ni1—N1—C2	−77.0(7)	C39—O3—C14—C13	87.5(10)
O5—Ni1—N1—C2	−109.7(6)	Ni1—O3—C14—C13	−40.0(12)

续表

扭转角	度数 /(°)	扭转角	度数/(°)
O3—Ni1—N1—C2	155.7(6)	C39—O3—C14—C15	−90 4(11)
O7—Ni1—N1—C2	79.2(6)	Ni1—O3—C14—C15	142.1(7)
O1—Ni1—N3—C31	61.3(9)	C19—O4—C15—C16	−8.3(15)
N1—Ni1—N3—C31	125.0(7)	C19—O4—C15—C14	173.6(9)
O5—Ni1—N3—C31	157.9(10)	C13—C14—C15—O4	−179.6(9)
O3—Ni1—N3—C31	−107.9(9)	O3—C14—C15—O4	−1.7(13)
O7—Ni1—N3—C31	−31.3(9)	C13—C14—C15—C16	2.2(15)
O1—Ni1—N3—C21	−109.6(7)	O3—C14—C15—C16	−180.0(9)
N1—Ni1—N3—C21	−46.0(7)	O4—C15—C16—C17	178.7(10)
O5—Ni1—N3—C21	−13.0(7)	C14—C15—C16—C17	−3.2(15)
O3—Ni1—N3—C21	81.1(7)	C15—C16—C17—C18	1.7(16)
O7—Ni1—N3—C21	157.7(7)	C14—C13—C18—C17	−1.9(14)
N1—Ni1—O1—C1	1.8(7)	C12—C13—C18—C17	178.0(9)
N3—Ni1—O1—C1	179.2(7)	C16—C17—C18—C13	0.9(16)
O5—Ni1—O1—C1	96.1(6)	Ni1—O5—C20—O6	−176.6(9)
O3—Ni1—O1—C1	−36.9(11)	Ni1—O5—C20—C21	5.0(13)
O7—Ni1—O1—C1	−95.6(6)	C31—N3—C21—C20	−153.3(11)
O1—Ni1—O3—C14	86.6(10)	Ni1—N3—C21—C20	18.2(11)
N1—Ni1—O3—C14	48.3(7)	C31—N3—C21—C22	86.3(12)
N3—Ni1—O3—C14	−129.4(7)	Ni1—N3—C21—C22	−102.1(8)
O5—Ni1—O3—C14	−46.6(6)	O6—C20—C21—N3	165.7(10)
O7—Ni1—O3—C14	147.6(7)	O5—C20—C21—N3	−15.8(14)
O1—Ni1—O3—C39	−41.0(10)	O6—C20—C21—C22	−73.7(13)

续表

扭转角	度数 / (°)	扭转角	度数/(°)
N1—Ni1—O3—C39	−79.4(5)	O5—C20—C21—C22	104.8(11)
N3—Ni1—O3—C39	102.9(5)	N3—C21—C22—C24	−56.4(12)
O5—Ni1—O3—C39	−174.2(5)	C20—C21—C22—C24	−177.1(9)
O7—Ni1—O3—C39	19.9(5)	C26—N4—C23—C24	−2.5(16)
O1—Ni1—O5—C20	101.0(8)	N4—C23—C24—C25	3.1(14)
N1—Ni1—O5—C20	−176.9(8)	N4—C23—C24—C22	−172.9(12)
N3—Ni1—O5—C20	4.6(8)	C21—C22—C24—C25	−67.5(15)
O3—Ni1—O5—C20	−92.3(8)	C21—C22—C24—C23	107.5(13)
O7—Ni1—O5—C20	−31.2(16)	C23—C24—C25—C30	178.5(13)
O1—Ni1—O7—C33	−52.1(7)	C22—C24—C25—C30	−6(2)
N1—Ni1—O7—C33	−134.0(6)	C23—C24—C25—C26	−2.5(13)
N3—Ni1—O7—C33	44.9(7)	C22—C24—C25—C26	173.3(12)
O5—Ni1—O7—C33	80.5(13)	C23—N4—C26—C27	178.5(16)
O3—Ni1—O7—C33	143.8(7)	C23—N4—C26—C25	0.8(15)
O1—Ni1—O7—C40	177.6(6)	C24—C25—C26—N4	1.2(15)
N1—Ni1—O7—C40	95.7(6)	C30—C25—C26—N4	−179.7(12)
N3—Ni1—O7—C40	−85.4(6)	C24—C25—C26—C27	−177.0(13)
O5—Ni1—O7—C40	−49.8(13)	C30—C25—C26—C27	2.0(2)
O3—Ni1—O7—C40	13.5(5)	N4—C26—C27—C28	179.8(18)
Ni1—O1—C1—O2	−172.1(9)	C25—C26—C27—C28	−3.0(2)
Ni1—O1—C1—C2	9.4(10)	C26—C27—C28—C29	2.0(3)
C12—N1—C2—C3	96.7(10)	C27—C28—C29—C30	−1.0(3)
Ni1—N1—C2—C3	−96.4(7)	C24—C25—C30—C29	177.7(13)

续表

扭转角	度数 /(°)	扭转角	度数/(°)
C12—N1—C2—C1	-146.4(9)	C26—C25—C30—C29	-1.1(19)
Ni1—N1—C2—C1	20.4(9)	C28—C29—C30—C25	0.7(19)
O2—C1—C2—N1	161.7(10)	C21—N3—C31—C32	177.5(12)
O1—C1—C2—N1	-19.8(11)	Ni1—N3—C31—C32	7.3(18)
O2—C1—C2—C3	-79.0(13)	N3—C31—C32—C33	18.0(2)
O1—C1—C2—C3	99.6(9)	N3—C31—C32—C37	-165.3(12)
N1—C2—C3—C5	-67.0(11)	C37—C32—C33—C34	2.5(17)
C1—C2—C3—C5	173.5(9)	C31—C32—C33—C34	179.8(12)
C7—N2—C4—C5	0.2(12)	C37—C32—C33—O7	-174.9(10)
N2—C4—C5—C6	-0.7(12)	C31—C32—C33—O7	2.5(18)
N2—C4—C5—C3	-168.4(9)	C40—O7—C33—C34	-87.0(11)
C2—C3—C5—C4	-59.3(15)	Ni1—O7—C33—C34	143.7(8)
C2—C3—C5—C6	135.3(10)	C40—O7—C33—C32	90.5(12)
C4—C5—C6—C7	1.0(12)	Ni1—O7—C33—C32	-38.8(12)
C3—C5—C6—C7	169.4(10)	C32—C33—C34—C35	-2.5(18)
C4—C5—C6—C11	-178.9(12)	O7—C33—C34—C35	174.9(10)
C3—C5—C6—C11	-10.5(19)	C32—C33—C34—O8	-179.8(10)
C11—C6—C7—N2	179.0(9)	O7—C33—C34—O8	-2.3(15)
C5—C6—C7—N2	-0.9(12)	C38—O8—C34—C35	8.6(17)
C11—C6—C7—C8	2.4(16)	C38—O8—C34—C33	-174.2(11)
C5—C6—C7—C8	-177.5(10)	C33—C34—C35—C36	0.7(19)
C4—N2—C7—C6	0.5(12)	O8—C34—C35—C36	177.7(12)
C4—N2—C7—C8	176.8(11)	C34—C35—C36—C37	1.0(2)

续表

扭转角	度数 / (°)	扭转角	度数/ (°)
C6—C7—C8—C9	−2.1(17)	C35—C36—C37—C32	−1.0(2)
N2—C7—C8—C9	−177.9(11)	C33—C32—C37—C36	−0.9(19)
C7—C8—C9—C10	−0.7(18)	C31—C32—C37—C36	−178.4(13)
C8—C9—C10—C11	3.2(18)	C14—O3—C39—C40	−178.9(8)
C9—C10—C11—C6	−2.8(17)	Ni1—O3—C39—C40	−48.0(8)
C7—C6—C11—C10	0.1(16)	C33—O7—C40—C39	−176.0(8)
C5—C6—C11—C10	180.0(11)	Ni1—O7—C40—C39	−43.2(8)
C2—N1—C12—C13	−179.5(8)	O3—C39—C40—O7	59.8(10)
Ni1—N1—C12—C13	15.5(14)		
$ZnL^1 \cdot 3CH_3OH$			
O1—Zn1—N1—C12	156.0(8)	N1—C12—C13—C14	17.0(16)
O5—Zn1—N1—C12	53.0(8)	N1—C12—C13—C18	−164.0(9)
N3—Zn1—N1—C12	−61.0(4)	C18—C13—C14—C15	1.5(15)
O3—Zn1—N1—C12	−40.3(8)	C12—C13—C14—C15	−179.4(9)
O7—Zn1—N1—C12	−111.5(8)	C18—C13—C14—O3	−177.2(8)
O1—Zn1—N1—C2	−10.6(5)	C12—C13—C14—O3	1.8(15)
O5—Zn1—N1—C2	−113.6(6)	C39—O3—C14—C13	88.9(9)
N3—Zn1—N1—C2	133.0(4)	Zn1—O3—C14—C13	−42.9(11)
O3—Zn1—N1—C2	153.0(6)	C39—O3—C14—C15	−89.9(11)
O7—Zn1—N1—C2	81.9(6)	Zn1—O3—C14—C15	138.3(7)
O1—Zn1—N3—C31	55.9(9)	C19—O4—C15—C16	−7.3(15)
O5—Zn1—N3—C31	158.6(9)	C19—O4—C15—C14	174.5(9)
N1—Zn1—N3—C31	−87.0(4)	C13—C14—C15—O4	179.8(9)

续表

扭转角	度数 /(°)	扭转角	度数/(°)
O3—Zn1—N3—C31	–106.9(9)	O3—C14—C15—O4	–1.4(13)
O7—Zn1—N3—C31	–35.5(9)	C13—C14—C15—C16	1.4(15)
O1—Zn1—N3—C21	–112.5(6)	O3—C14—C15—C16	–179.8(9)
O5—Zn1—N3—C21	–9.8(6)	O4—C15—C16—C17	–179.8(9)
N1—Zn1—N3—C21	105.0(4)	C14—C15—C16—C17	–1.6(16)
O3—Zn1—N3—C21	84.7(6)	C15—C16—C17—C18	–1.1(16)
O7—Zn1—N3—C21	156.2(6)	C14—C13—C18—C17	–4.2(14)
O5—Zn1—O1—C1	98.3(6)	C12—C13—C18—C17	176.7(9)
N3—Zn1—O1—C1	–177.9(6)	C16—C17—C18—C13	4.1(15)
N1—Zn1—O1—C1	–1.3(6)	Zn1—O5—C20—O6	–176.8(8)
O3—Zn1—O1—C1	–43.6(10)	Zn1—O5—C20—C21	10.2(12)
O7—Zn1—O1—C1	–96.8(6)	C31—N3—C21—C20	–153.5(10)
O1—Zn1—O3—C14	94.2(9)	Zn1—N3—C21—C20	16.2(9)
O5—Zn1—O3—C14	–48.9(6)	C31—N3—C21—C22	87.0(11)
N3—Zn1—O3—C14	–130.2(6)	Zn1—N3—C21—C22	–103.3(8)
N1—Zn1—O3—C14	51.7(6)	O6—C20—C21—N3	168.8(9)
O7—Zn1—O3—C14	151.1(6)	O5—C20—C21—N3	–17.5(12)
O1—Zn1—O3—C39	–35.8(8)	O6—C20—C21—C22	–71.9(12)
O5—Zn1—O3—C39	–178.9(5)	O5—C20—C21—C22	101.7(11)
N3—Zn1—O3—C39	99.8(5)	N3—C21—C22—C24	–60.1(12)
N1—Zn1—O3—C39	–78.3(6)	C20—C21—C22—C24	–178.2(10)
O7—Zn1—O3—C39	21.1(5)	C26—N4—C23—C24	3.6(14)
O1—Zn1—O5—C20	100.9(7)	N4—C23—C24—C25	–2.0(12)

续表

扭转角	度数 /(°)	扭转角	度数/(°)
N3—Zn1—O5—C20	−0.2(7)	N4—C23—C24—C22	−175.6(10)
N1—Zn1—O5—C20	−175.1(7)	C21—C22—C24—C23	107.9(12)
O3—Zn1—O5—C20	−93.9(7)	C21—C22—C24—C25	−64.1(15)
O7—Zn1—O5—C20	−37.7(11)	C23—C24—C25—C26	−0.2(13)
O1—Zn1—O7—C33	−55.8(6)	C22—C24—C25—C26	173.0(11)
O5—Zn1—O7—C33	84.2(9)	C23—C24—C25—C30	176.7(12)
N3—Zn1—O7—C33	46.7(6)	C22—C24—C25—C30	−10(2)
N1—Zn1—O7—C33	−137.6(6)	C23—N4—C26—C25	−3.6(14)
O3—Zn1—O7—C33	144.4(6)	C23—N4—C26—C27	178.5(12)
O1—Zn1—O7—C40	170.4(6)	C24—C25—C26—N4	2.4(14)
O5—Zn1—O7—C40	−49.6(10)	C30—C25—C26—N4	−174.9(11)
N3—Zn1—O7—C40	−87.2(6)	C24—C25—C26—C27	−179.5(11)
N1—Zn1—O7—C40	88.5(6)	C30—C25—C26—C27	3.2(19)
O3—Zn1—O7—C40	10.6(5)	N4—C26—C27—C28	175.9(14)
Zn1—O1—C1—O2	−167.4(8)	C25—C26—C27—C28	−2.0(2)
Zn1—O1—C1—C2	12.9(10)	C26—C27—C28—C29	1.0(2)
C12—N1—C2—C3	93.9(11)	C27—C28—C29—C30	−2.0(2)
Zn1—N1—C2—C3	−98.6(8)	C28—C29—C30—C25	3.5(19)
C12—N1—C2—C1	−148.6(9)	C26—C25—C30—C29	−4.0(18)
Zn1—N1—C2—C1	19.0(9)	C24—C25—C30—C29	179.4(12)
O2—C1—C2—N1	159.1(8)	C21—N3—C31—C32	−177.7(11)
O1—C1—C2—N1	−21.2(11)	Zn1—N3—C31—C32	14.4(16)
O2—C1—C2—C3	−81.8(11)	N3—C31—C32—C33	14.4(19)

续表

扭转角	度数 /(°)	扭转角	度数/(°)
O1—C1—C2—C3	97.9(9)	N3—C31—C32—C37	−163.2(11)
N1—C2—C3—C5	−67.7(11)	C37—C32—C33—C34	1.5(17)
C1—C2—C3—C5	173.2(8)	C31—C32—C33—C34	−176.0(10)
C7—N2—C4—C5	1.8(11)	C37—C32—C33—O7	−179.0(9)
N2—C4—C5—C6	−2.0(11)	C31—C32—C33—O7	3.4(17)
N2—C4—C5—C3	−169.4(8)	C40—O7—C33—C32	94.3(11)
C2—C3—C5—C4	−57.8(13)	Zn1—O7—C33—C32	−39.8(12)
C2—C3—C5—C6	137.0(9)	C40—O7—C33—C34	−86.2(9)
C4—C5—C6—C7	1.4(10)	Zn1—O7—C33—C34	139.7(7)
C3—C5—C6—C7	169.3(9)	C38—O8—C34—C35	8.9(17)
C4—C5—C6—C11	−179.5(10)	C38—O8—C34—C33	−176.4(9)
C3—C5—C6—C11	−11.6(16)	C32—C33—C34—C35	−3.3(16)
C4—N2—C7—C8	176.9(10)	O7—C33—C34—C35	177.3(9)
C4—N2—C7—C6	−0.9(11)	C32—C33—C34—O8	−178.3(10)
C11—C6—C7—N2	−179.6(8)	O7—C33—C34—O8	2.2(13)
C5—C6—C7—N2	−0.3(10)	O8—C34—C35—C36	176.9(11)
C11—C6—C7—C8	2.5(14)	C33—C34—C35—C36	2.3(17)
C5—C6—C7—C8	−178.3(9)	C34—C35—C36—C37	0.0(2)
N2—C7—C8—C9	180.0(10)	C33—C32—C37—C36	1.0(18)
C6—C7—C8—C9	−2.5(15)	C31—C32—C37—C36	178.8(10)
C7—C8—C9—C10	0.0(15)	C35—C36—C37—C32	−2(2)
C8—C9—C10—C11	2.6(16)	C14—O3—C39—C40	179.9(7)
C9—C10—C11—C6	−2.5(14)	Zn1—O3—C39—C40	−47.6(8)

续表

扭转角	度数/(°)	扭转角	度数/(°)
C7—C6—C11—C10	0.1(13)	C33—O7—C40—C39	-174.8(8)
C5—C6—C11—C10	-178.9(9)	Zn1—O7—C40—C39	-38.6(9)
C2—N1—C12—C13	-178.6(8)	O3—C39—C40—O7	55.2(9)
Zn1—N1—C12—C13	15.9(14)		
$CoL^1 \cdot 3CH_3O$			
O5—Co1—N1—C12	53.4(14)	N1—C12—C13—C14	12.0(2)
O1—Co1—N1—C12	155.8(14)	N1—C12—C13—C18	-164.0(14)
N3—Co1—N1—C12	29.0(16)	C18—C13—C14—O3	-177.8(13)
O3—Co1—N1—C12	-39.6(13)	C12—C13—C14—O3	7.0(2)
O7—Co1—N1—C12	-112.9(13)	C18—C13—C14—C15	-3.0(2)
O5—Co1—N1—C2	-113.8(10)	C12—C13—C14—C15	-178.0(14)
O1—Co1—N1—C2	-11.4(9)	C39—O3—C14—C13	88.0(16)
N3—Co1—N1—C2	-138.0(15)	Co1—O3—C14—C13	-45.8(18)
O3—Co1—N1—C2	153.1(10)	C39—O3—C14—C15	-87.5(17)
O7—Co1—N1—C2	79.8(10)	Co1—O3—C14—C15	138.7(11)
O5—Co1—N3—C31	160.9(15)	C19—O4—C15—C16	-13.0(2)
N1—Co1—N3—C31	-175.0(15)	C19—O4—C15—C14	169.1(14)
O1—Co1—N3—C31	58.9(15)	C13—C14—C15—O4	-179.0(14)
O3—Co1—N3—C31	-106.2(14)	O3—C14—C15—O4	-3.0(2)
O7—Co1—N3—C31	-32.5(14)	C13—C14—C15—C16	3.0(2)
O5—Co1—N3—C21	-8.9(10)	O3—C14—C15—C16	178.5(13)
N1—Co1—N3—C21	16.0(16)	O4—C15—C16—C17	179.5(15)
O1—Co1—N3—C21	-111.0(10)	C14—C15—C16—C17	-3.0(2)

续表

扭转角	度数 /(°)	扭转角	度数/(°)
O3—Co1—N3—C21	84.0(10)	C15—C16—C17—C18	2.0(3)
O7—Co1—N3—C21	157.7(11)	C14—C13—C18—C17	2.0(2)
O5—Co1—O1—C1	94.7(11)	C12—C13—C18—C17	177.7(14)
N1—Co1—O1—C1	−1.0(12)	C16—C17—C18—C13	−2.0(2)
N3—Co1—O1—C1	177.5(11)	Co1—O5—C20—O6	−172.7(14)
O3—Co1—O1—C1	−42.6(17)	Co1—O5—C20—C21	11.0(2)
O7—Co1—O1—C1	−99.8(11)	C31—N3—C21—C20	−155.0(16)
O5—Co1—O3—C14	−45.7(10)	Co1—N3—C21—C20	15.4(16)
N1—Co1—O3—C14	51.2(10)	C31—N3—C21—C22	85.8(18)
O1—Co1—O3—C14	92.9(14)	Co1—N3—C21—C22	−103.7(12)
N3—Co1—O3—C14	−127.1(10)	O5—C20—C21—N3	−18.0(2)
O7—Co1—O3—C14	153.2(10)	O6—C20—C21—N3	165.4(15)
O5—Co1—O3—C39	−179.3(8)	O5—C20—C21—C22	100.5(19)
N1—Co1—O3—C39	−82.4(9)	O6—C20—C21—C22	−76.1(19)
O1—Co1—O3—C39	−40.7(14)	N3—C21—C22—C24	−54.5(19)
N3—Co1—O3—C39	99.4(9)	C20—C21—C22—C24	−172.7(14)
O7—Co1—O3—C39	19.6(8)	C26—N4—C23—C24	1.0(2)
N1—Co1—O5—C20	179.7(12)	N4—C23—C24—C25	−2.0(2)
O1—Co1—O5—C20	96.8(12)	N4—C23—C24—C22	−171.9(15)
N3—Co1—O5—C20	−1.1(12)	C21—C22—C24—C23	104.0(2)
O3—Co1—O5—C20	−98.7(12)	C21—C22—C24—C25	−64.0(2)
O7—Co1—O5—C20	−39.9(19)	C23—C24—C25—C30	176.1(19)
O5—Co1—O7—C33	82.8(16)	C22—C24—C25—C30	−14.0(3)

续表

扭转角	度数 /(°)	扭转角	度数/(°)
N1—Co1—O7—C33	-137.0(10)	C23—C24—C25—C26	3.0(2)
O1—Co1—O7—C33	-55.3(10)	C22—C24—C25—C26	173.3(14)
N3—Co1—O7—C33	44.2(10)	C23—N4—C26—C25	2.0(2)
O3—Co1—O7—C33	144.8(10)	C23—N4—C26—C27	179.4(19)
O5—Co1—O7—C40	-50.1(16)	C30—C25—C26—N4	-176.6(17)
N1—Co1—O7—C40	90.1(9)	C24—C25—C26—N4	-3.0(2)
O1—Co1—O7—C40	171.7(8)	C30—C25—C26—C27	5.0(3)
N3—Co1—O7—C40	-88.8(9)	C24—C25—C26—C27	179.1(17)
O3—Co1—O7—C40	11.9(8)	N4—C26—C27—C28	179.0(2)
Co1—O1—C1—O2	-168.4(14)	C25—C26—C27—C28	-3.0(3)
Co1—O1—C1—C2	13.1(18)	C26—C27—C28—C29	-1.0(3)
C12—N1—C2—C3	94.0(17)	C27—C28—C29—C30	2.0(3)
Co1—N1—C2—C3	-97.4(12)	C26—C25—C30—C29	-4.0(3)
C12—N1—C2—C1	-149.2(14)	C24—C25—C30—C29	-175.8(18)
Co1—N1—C2—C1	19.4(14)	C28—C29—C30—C25	0.0(3)
O1—C1—C2—N1	-21.7(19)	C21—N3—C31—C32	179.3(17)
O2—C1—C2—N1	159.6(14)	Co1—N3—C31—C32	10.0(3)
O1—C1—C2—C3	97.3(17)	N3—C31—C32—C33	18.0(3)
O2—C1—C2—C3	-81.4(18)	N3—C31—C32—C37	-164.5(18)
N1—C2—C3—C5	-67.8(18)	C37—C32—C33—O7	-179.8(15)
C1—C2—C3—C5	174.9(13)	C31—C32—C33—O7	-3.0(3)
C7—N2—C4—C5	-2.0(2)	C37—C32—C33—C34	6.0(3)
N2—C4—C5—C6	2.3(19)	C31—C32—C33—C34	-176.6(17)

续表

扭转角	度数 /(°)	扭转角	度数/(°)
N2—C4—C5—C3	−171.3(14)	C40—O7—C33—C32	99.2(18)
C2—C3—C5—C4	−56.0(2)	Co1—O7—C33—C32	−35.0(2)
C2—C3—C5—C6	131.2(16)	C40—O7—C33—C34	−86.6(16)
C4—C5—C6—C11	179.8(17)	Co1—O7—C33—C34	138.9(13)
C3—C5—C6—C11	−6.0(3)	C38—O8—C34—C35	7.0(3)
C4—C5—C6—C7	−1.8(18)	C38—O8—C34—C33	−175.4(16)
C3—C5—C6—C7	172.1(14)	C32—C33—C34—O8	177.3(16)
C4—N2—C7—C8	176.1(19)	O7—C33—C34—O8	3.0(2)
C4—N2—C7—C6	1.0(2)	C32—C33—C34—C35	−6.0(3)
C11—C6—C7—N2	179.2(14)	O7—C33—C34—C35	−179.8(15)
C5—C6—C7—N2	0.6(18)	O8—C34—C35—C36	178.1(18)
C11—C6—C7—C8	3.0(2)	C33—C34—C35—C36	1.0(3)
C5—C6—C7—C8	−175.7(14)	C34—C35—C36—C37	2.0(3)
N2—C7—C8—C9	−175.4(18)	C35—C36—C37—C32	−1.0(3)
C6—C7—C8—C9	0.0(2)	C33—C32—C37—C36	−3.0(3)
C7—C8—C9—C10	−3.0(3)	C31—C32—C37—C36	179.7(18)
C8—C9—C10—C11	4.0(3)	C14—O3—C39—C40	177.9(12)
C7—C6—C11—C10	−2.0(2)	Co1—O3—C39—C40	−46.7(13)
C5—C6—C11—C10	175.9(17)	C33—O7—C40—C39	−177.3(12)
C9—C10—C11—C6	−1.0(2)	Co1—O7—C40—C39	−39.4(13)
C2—N1—C12—C13	−176.6(13)	O3—C39—C40—O7	54.5(14)
Co1—N1—C12—C13	17.0(2)		

续表

扭转角	度数 /(°)	扭转角	度数/(°)
$MnL^1 \cdot 3CH_3OH$			
O1—Mn1—N1—C12	153.0(8)	N1—C12—C13—C14	20.0(15)
O5—Mn1—N1—C12	52.0(8)	N1—C12—C13—C18	−160.0(7)
N3—Mn1—N1—C12	−42.0(27)	C12—C13—C14—C15	−180.0(8)
O3—Mn1—N1—C12	−38.0(7)	C18—C13—C14—C15	0.0(13)
O7—Mn1—N1—C12	−109.0(7)	C12—C13—C14—O3	0.0(14)
O1—Mn1—N1—C2	−1.03(5)	C18—C13—C14—O3	180.0(6)
O5—Mn1—N1—C2	−114.0(5)	C39—O3—C14—C13	85.0(8)
N3—Mn1—N1—C2	152.0(22)	Mn1—O3—C14—C13	−46.0(10)
O3—Mn1—N1—C2	156.0(5)	C39—O3—C14—C15	−95.0(10)
O7—Mn1—N1—C2	85.0(5)	Mn1—O3—C14—C15	135.0(8)
O1—Mn1—N3—C31	74.0(7)	C19—O4—C15—C16	1.0(15)
O5—Mn1—N3—C31	172.0(7)	C19—O4—C15—C14	−179.0(6)
N1—Mn1—N3—C31	−91.0(24)	C13—C14—C15—O4	−180.0(8)
O3—Mn1—N3—C31	−95.0(7)	O3—C14—C15—O4	0.0(12)
O7—Mn1—N3—C31	−23.0(7)	C13—C14—C15—C16	0.0(13)
O1—Mn1—N3—C21	−110.0(6)	O3—C14—C15—C16	180.0(8)
O5—Mn1—N3—C21	−12.0(5)	O4—C15—C16—C17	−180.0(10)
N1—Mn1—N3—C21	84.0(24)	C14—C15—C16—C17	0.0(13)
O3—Mn1—N3—C21	81.0(6)	C15—C16—C17—C18	0.0(15)
O7—Mn1—N3—C21	153.0(6)	C16—C17—C18—C13	0.0(12)
O5—Mn1—O1—C1	106.0(7)	C14—C13—C18—C17	0.0(11)
N1—Mn1—O1—C1	2.0(7)	C12—C13—C18—C17	180.0(7)

续表

扭转角	度数 / (°)	扭转角	度数/ (°)
N3—Mn1—O1—C1	-175.0(8)	Mn1—O5—C20—O6	-175.0(7)
O3—Mn1—O1—C1	-24.0(11)	Mn1—O5—C20—C21	19.0(13)
O7—Mn1—O1—C1	-93.0(7)	O5—C20—C21—N3	-26.0(13)
O1—Mn1—O3—C39	-48.0(8)	O6—C20—C21—N3	167.0(7)
O5—Mn1—O3—C39	-179.0(5)	O5—C20—C21—C22	88.0(13)
N1—Mn1—O3—C39	-75.0(5)	O6—C20—C21—C22	-79.0(10)
N3—Mn1—O3—C39	104.0(5)	C31—N3—C21—C20	-164.0(8)
O7—Mn1—O3—C39	26.0(4)	Mn1—N3—C21—C20	19.0(8)
O1—Mn1—O3—C14	82.0(10)	C31—N3—C21—C22	80.0(9)
O5—Mn1—O3—C14	-49.0(7)	Mn1—N3—C21—C22	-96.0(8)
N1—Mn1—O3—C14	55.0(7)	C20—C21—C22—C24	-170.0(9)
N3—Mn1—O3—C14	-125.0(7)	N3—C21—C22—C24	-66.0(9)
O7—Mn1—O3—C14	156.0(7)	C26—N4—C23—C24	-2.0(10)
O1—Mn1—O5—C20	102.0(6)	N4—C23—C24—C25	2.0(10)
N1—Mn1—O5—C20	-173.0(6)	N4—C23—C24—C22	-178.0(8)
N3—Mn1—O5—C20	-2.0(6)	C21—C22—C24—C25	-65.0(11)
O3—Mn1—O5—C20	-96.0(6)	C21—C22—C24—C23	116.0(10)
O7—Mn1—O5—C20	-36.0(8)	C23—C24—C25—C30	175.0(9)
O1—Mn1—O7—C33	-62.0(6)	C22—C24—C25—C30	-5.0(16)
O5—Mn1—O7—C33	76.0(7)	C23—C24—C25—C26	-2.0(11)
N1—Mn1—O7—C33	-145.0(6)	C22—C24—C25—C26	179.0(9)
N3—Mn1—O7—C33	43.0(6)	C23—N4—C26—C27	172.0(10)
O3—Mn1—O7—C33	141.0(6)	C23—N4—C26—C25	1.0(11)

续表

扭转角	度数 /(°)	扭转角	度数/(°)
O1—Mn1—O7—C40	168.0(4)	C30—C25—C26—C27	11.0(14)
O5—Mn1—O7—C40	-54.0(6)	C24—C25—C26—C27	-172.0(8)
N1—Mn1—O7—C40	85.0(4)	C30—C25—C26—N4	-177.0(7)
N3—Mn1—O7—C40	-87.0(4)	C24—C25—C26—N4	1.0(11)
O3—Mn1—O7—C40	10.0(4)	N4—C26—C27—C28	179.0(9)
Mn1—O1—C1—O2	-175.0(7)	C25—C26—C27—C28	-11.0(14)
Mn1—O1—C1—C2	10.0(11)	C26—C27—C28—C29	6.0(14)
O2—C1—C2—C3	-73.0(11)	C27—C28—C29—C30	-2.0(13)
O1—C1—C2—C3	103.0(10)	C26—C25—C30—C29	-7.0(13)
O2—C1—C2—N1	162.0(8)	C24—C25—C30—C29	176.0(9)
O1—C1—C2—N1	-23.0(12)	C28—C29—C30—C25	2.0(13)
C12—N1—C2—C1	-144.0(8)	C21—N3—C31—C32	178.0(9)
Mn1—N1—C2—C1	22.0(8)	Mn1—N3—C31—C32	-6.0(14)
C12—N1—C2—C3	89.0(9)	N3—C31—C32—C33	29.0(16)
Mn1—N1—C2—C3	-105.0(5)	N3—C31—C32—C37	-151.0(10)
C1—C2—C3—C5	173.0(8)	C40—O7—C33—C32	88.0(10)
N1—C2—C3—C5	-59.0(10)	Mn1—O7—C33—C32	-39.0(11)
C7—N2—C4—C5	8.0(9)	C40—O7—C33—C34	-92.0(9)
N2—C4—C5—C6	-5.0(10)	Mn1—O7—C33—C34	140.0(7)
N2—C4—C5—C3	180.0(7)	C37—C32—C33—O7	-180.0(8)
C2—C3—C5—C4	-60.0(11)	C31—C32—C33—O7	0.0(14)
C2—C3—C5—C6	126.0(10)	C37—C32—C33—C34	0.0(15)
C4—C5—C6—C11	-179.0(10)	C31—C32—C33—C34	-180.0(8)

续表

扭转角	度数/(°)	扭转角	度数/(°)
C3—C5—C6—C11	−4.0(18)	C38—O8—C34—C35	11.0(13)
C4—C5—C6—C7	1.0(10)	C38—O8—C34—C33	−169.0(7)
C3—C5—C6—C7	175.0(8)	O7—C33—C34—C35	180.0(7)
C4—N2—C7—C8	−179.0(9)	C32—C33—C34—C35	0.0(14)
C4—N2—C7—C6	−7.0(10)	O7—C33—C34—O8	0.0(12)
C11—C6—C7—C8	−4.0(14)	C32—C33—C34—O8	180.0(7)
C5—C6—C7—C8	177(7)	O8—C34—C35—C36	180.0(8)
C11—C6—C7—N2	−176(8)	C33—C34—C35—C36	0.0(14)
C5—C6—C7—N2	4.0(10)	C34—C35—C36—C37	0.0(14)
N2—C7—C8—C9	−179(9)	C33—C32—C37—C36	0.0(15)
C6—C7—C8—C9	10.0(14)	C31—C32—C37—C36	180(9)
C7—C8—C9—C10	−13.0(14)	C35—C36—C37—C32	0.0(15)
C8—C9—C10—C11	10.0(13)	C14—O3—C39—C40	169.0(7)
C7—C6—C11—C10	1.0(14)	Mn1—O3—C39—C40	−55.0(6)
C5—C6—C11—C10	180(9)	C33—O7—C40—C39	−178.0(8)
C9—C10—C11—C6	−4.0(13)	Mn1—O7—C40—C39	−44.0(7)
C2—N1—C12—C13	177(7)	O3—C39—C40—O7	67.0(7)
Mn1—N1—C12—C13	13.0(12)		
$NiL^2 \cdot H_2O$			
O1—Ni1—N1—C6	151.1(5)	C2—N1—C6—C7	−176.6(5)
N2—Ni1—N1—C6	62.0(4)	Ni1—N1—C6—C7	21.1(8)
O5—Ni1—N1—C6	53.1(5)	N1—C6—C7—C8	12.8(10)
O7—Ni1—N1—C6	−118.6(5)	N1—C6—C7—C12	−171.0(6)

续表

扭转角	度数/(°)	扭转角	度数/(°)
O3—Ni1—N1—C6	−41.8(5)	C12—C7—C8—C9	1.4.0(10)
O1—Ni1—N1—C2	−12.0(4)	C6—C7—C8—C9	177.5(6)
N2—Ni1—N1—C2	−101.0(4)	C12—C7—C8—O3	−178.9(5)
O5—Ni1—N1—C2	−110.1(4)	C6—C7—C8—O3	−2.7(10)
O7—Ni1—N1—C2	78.2(4)	C27—O3—C8—C7	95.1(7)
O3—Ni1—N1—C2	155.0(4)	Ni1—O3—C8—C7	−34.2(7)
N1—Ni1—N2—C19	140.0(4)	C27—O3—C8—C9	−85.1(7)
O1—Ni1—N2—C19	51.1(5)	Ni1—O3—C8—C9	145.6(5)
O5—Ni1—N2—C19	148.9(5)	C13—O4—C9—C8	178.4(6)
O7—Ni1—N2—C19	−39.4(5)	C13—O4—C9—C10	−3.2(11)
O3—Ni1—N2—C19	−116.5(5)	C7—C8—C9—O4	178.4(6)
N1—Ni1—N2—C15	−23.0(4)	O3—C8—C9—O4	−1.4(9)
O1—Ni1—N2—C15	−112.1(4)	C7—C8—C9—C10	−0.2(10)
O5—Ni1—N2—C15	−14.3(4)	O3—C8—C9—C10	−179.9(5)
O7—Ni1—N2—C15	157.4(4)	O4—C9—C10—C11	−179.4(7)
O3—Ni1—N2—C15	80.3(4)	C8—C9—C10—C11	−1.0(10)
N1—Ni1—O1—C1	7.3(4)	C9—C10—C11—C12	0.9(11)
N2—Ni1—O1—C1	−175.2(4)	C10—C11—C12—C7	0.4(10)
O5—Ni1—O1—C1	101.3(4)	C8—C7—C12—C11	−1.5(9)
O7—Ni1—O1—C1	−91.1(4)	C6—C7—C12—C11	−177.9(6)
O3—Ni1—O1—C1	−37.0(7)	Ni1—O5—C14—O6	−171.4(5)
N1—Ni1—O3—C8	47.1(4)	Ni1—O5—C14—C15	10.1(7)
O1—Ni1—O3—C8	91.1(6)	C19—N2—C15—C16	98.8(6)

续表

扭转角	度数 /(°)	扭转角	度数/(°)
N2—Ni1—O3—C8	−130.5(4)	Ni1—N2—C15—C16	−97.1(5)
O5—Ni1—O3—C8	−47.6(4)	C19—N2—C15—C14	−142.1(6)
O7—Ni1—O3—C8	147.1(4)	Ni1—N2—C15—C14	22.0(5)
N1—Ni1—O3—C27	−83.8(4)	O6—C14—C15—N2	159.9(5)
O1—Ni1—O3—C27	−39.8(7)	O5—C14—C15—N2	−21.4(7)
N2—Ni1—O3—C27	98.6(4)	O6—C14—C15—C16	−79.5(7)
O5—Ni1—O3—C27	−178.4(4)	O5—C14—C15—C16	99.1(6)
O7—Ni1—O3—C27	16.2(4)	N2—C15—C16—C17	−71.9(6)
N1—Ni1—O5—C14	−178.0(4)	C14—C15—C16—C17	168.5(5)
O1—Ni1—O5—C14	98.8(4)	C15—C16—C17—S2	−58.6(7)
N2—Ni1—O5—C14	2.4(4)	C18—S2—C17—C16	−64.5(6)
O7—Ni1—O5—C14	−29.3(8)	C15—N2—C19—C20	178.4(5)
O3—Ni1—O5—C14	−93.5(4)	Ni1—N2—C19—C20	16.7(9)
N1—Ni1—O7—C21	−129.4(4)	N2—C19—C20—C25	−165.0(6)
O1—Ni1—O7—C21	−46.8(4)	N2—C19—C20—C21	12.6(11)
N2—Ni1—O7—C21	50.6(4)	C28—O7—C21—C22	−90.4(7)
O5—Ni1—O7—C21	82.2(7)	Ni1—O7—C21—C22	137.5(5)
O3—Ni1—O7—C21	148.6(4)	C28—O7—C21—C20	90.3(7)
N1—Ni1—O7—C28	97.2(4)	Ni1—O7—C21—C20	−41.8(7)
O1—Ni1—O7—C28	179.8(3)	C25—C20—C21—C22	2.1(10)
N2—Ni1—O7—C28	−82.9(3)	C19—C20—C21—C22	−175.5(6)
O5—Ni1—O7—C28	−51.3(7)	C25—C20—C21—O7	−178.6(5)
O3—Ni1—O7—C28	15.2(3)	C19—C20—C21—O7	3.7(10)

续表

扭转角	度数 /(°)	扭转角	度数/(°)
Ni1—O1—C1—O2	177.1(5)	C26—O8—C22—C21	−154.4(6)
Ni1—O1—C1—C2	−1.0(7)	C26—O8—C22—C23	25.4(10)
C6—N1—C2—C3	91.8(6)	O7—C21—C22—O8	−1.1(9)
Ni1—N1—C2—C3	−103.7(5)	C20—C21—C22—O8	178.2(6)
C6—N1—C2—C1	−150.5(5)	O7—C21—C22—C23	179.1(6)
Ni1—N1—C2—C1	14.0(6)	C20—C21—C22—C23	−1.6(10)
O2—C1—C2—N1	173.2(5)	O8—C22—C23—C24	179.2(6)
O1—C1—C2—N1	−8.6(8)	C21—C22—C23—C24	−1.0(11)
O2—C1—C2—C3	−67.1(7)	C22—C23—C24—C25	3.1(11)
O1—C1—C2—C3	111.1(6)	C23—C24—C25—C20	−2.5(11)
N1—C2—C3—C4	−71.7(7)	C21—C20—C25—C24	0.0(10)
C1—C2—C3—C4	169.9(5)	C19—C20—C25—C24	177.8(6)
C2—C3—C4—S1′	−141.8(15)	C8—O3—C27—C28	−178.3(5)
C2—C3—C4—S1	178.5(6)	Ni1—O3—C27—C28	−44.5(6)
C5′—S1′—C4—C3	−48.0(3)	C21—O7—C28—C27	−177.7(5)
C5′—S1′—C4—S1	39.0(2)	Ni1—O7—C28—C27	−42.7(5)
C5—S1—C4—C3	−75.0(6)	O3—C27—C28—O7	57.7(6)
C5—S1—C4—S1′	174.4(13)		
$ZnL^2 \cdot CH_3OH$			
O5—Zn1—N1—C6	43.7(3)	Zn1—O3—C8—C9	132.8(2)
O1—Zn1—N1—C6	150.3(3)	C27—O3—C8—C7	87.3(3)
N2—Zn1—N1—C6	−95.6(6)	Zn1—O3—C8—C7	−44.6(3)
O3—Zn1—N1—C6	−44.3(2)	C12—C7—C8—C9	2.9(5)

续表

扭转角	度数 /(°)	扭转角	度数/(°)
O7—Zn1—N1—C6	−116.2(3)	C6—C7—C8—C9	−174.9(3)
O5—Zn1—N1—C2	−117.3(18)	C12—C7—C8—O3	−179.8(3)
O1—Zn1—N1—C2	−10.7(18)	C6—C7—C8—O3	2.4(5)
N2—Zn1—N1—C2	103.4(6)	C13—O4—C9—C10	25.5(5)
O3—Zn1—N1—C2	154.7(19)	C13—O4—C9—C8	−156.2(3)
O7—Zn1—N1—C2	82.8(18)	O3—C8—C9—O4	1.3(4)
O5—Zn1—N2—C19	152.6(3)	C7—C8—C9—O4	178.7(3)
O1—Zn1—N2—C19	45.7(3)	O3—C8—C9—C10	179.8(3)
N1—Zn1—N2—C19	−66.9(7)	C7—C8—C9—C10	−2.8(5)
O3—Zn1—N2—C19	−117.3(2)	O4—C9—C10—C11	179.3(4)
O7—Zn1—N2—C19	−46.0(2)	C8—C9—C10—C11	0.9(6)
O5—Zn1—N2—C15	−8.3(19)	C9—C10—C11—C12	0.8(6)
O1—Zn1—N2—C15	−115.2(19)	C10—C11—C12—C7	−0.7(6)
N1—Zn1—N2—C15	132.2(6)	C8—C7—C12—C11	−1.1(5)
O3—Zn1—N2—C15	81.7(19)	C6—C7—C12—C11	176.8(3)
O7—Zn1—N2—C15	153.1(2)	Zn1—O5—C14—O6	179.9(2)
O5—Zn1—O1—C1	103.9(2)	Zn1—O5—C14—C15	2.0(3)
N2—Zn1—O1—C1	−170.9(2)	C19—N2—C15—C16	89.0(3)
N1—Zn1—O1—C1	0.9(2)	Zn1—N2—C15—C16	−108.8(2)
O3—Zn1—O1—C1	−37.6(3)	C19—N2—C15—C14	−151.2(3)
O7—Zn1—O1—C1	−90.8(2)	Zn1—N2—C15—C14	11.1(3)
O5—Zn1—O3—C8	−50.4(18)	O6—C14—C15—N2	173.0(3)
O1—Zn1—O3—C8	93.3(3)	O5—C14—C15—N2	−8.9(4)

续表

扭转角	度数 /(°)	扭转角	度数/(°)
N2—Zn1—O3—C8	−132.2(18)	O6—C14—C15—C16	−66.2(4)
N1—Zn1—O3—C8	54.6(18)	O5—C14—C15—C16	111.9(3)
O7—Zn1—O3—C8	150.2(19)	N2—C15—C16—C17	−55.3(6)
O5—Zn1—O3—C27	177.6(19)	C14—C15—C16—C17	−176.2(6)
O1—Zn1—O3—C27	−38.8(3)	N2—C15—C16—C17′	−81.5(8)
N2—Zn1—O3—C27	95.7(19)	C14—C15—C16—C17′	157.6(7)
N1—Zn1—O3—C27	−77.4(19)	C15—C16—C17—S2	−177.3(4)
O7—Zn1—O3—C27	18.2(18)	C17′—C16—C17—S2	−109.0(3)
O1—Zn1—O5—C14	103.7(2)	C18—S2—C17—C16	85.1(9)
N2—Zn1—O5—C14	3.6(2)	C17—C16—C17′—S2′	85.0(2)
N1—Zn1—O5—C14	−170.6(2)	C15—C16—C17′—S2′	−152.8(8)
O3—Zn1—O5—C14	−90.8(2)	C18′—S2′—C17′—C16	−32.5(15)
O7—Zn1—O5—C14	−41.4(3)	C15—N2—C19—C20	−174.1(3)
O5—Zn1—O7—C21	95.1(2)	Zn1—N2—C19—C20	26.4(4)
O1—Zn1—O7—C21	−51.8(18)	N2—C19—C20—C21	12.1(5)
N2—Zn1—O7—C21	49.7(18)	N2—C19—C20—C25	−170.5(3)
N1—Zn1—O7—C21	−133.5(18)	C25—C20—C21—C22	0.7(4)
O3—Zn1—O7—C21	147.8(18)	C19—C20—C21—C22	178.0(3)
O5—Zn1—O7—C28	−38.2(3)	C25—C20—C21—O7	−179.6(2)
O1—Zn1—O7—C28	174.8(19)	C19—C20—C21—O7	−2.3(4)
N2—Zn1—O7—C28	−83.6(19)	C28—O7—C21—C20	96.6(3)
N1—Zn1—O7—C28	93.2(19)	Zn1—O7—C21—C20	−36.2(3)
O3—Zn1—O7—C28	14.4(18)	C28—O7—C21—C22	−83.6(3)

续表

扭转角	度数 /(°)	扭转角	度数/(°)
Zn1—O1—C1—O2	−172.2(3)	Zn1—O7—C21—C22	143.6(2)
Zn1—O1—C1—C2	9.2(4)	C26—O8—C22—C23	−1.4(5)
C6—N1—C2—C3	95.0(3)	C26—O8—C22—C21	178.5(3)
Zn1—N1—C2—C3	−102.7(2)	C20—C21—C22—O8	179.6(3)
C6—N1—C2—C1	−145.1(3)	O7—C21—C22—O8	−0.1(4)
Zn1—N1—C2—C1	17.2(3)	C20—C21—C22—C23	−0.5(5)
O2—C1—C2—N1	163.5(3)	O7—C21—C22—C23	179.7(3)
O1—C1—C2—N1	−17.8(4)	O8—C22—C23—C24	−180.0(3)
O2—C1—C2—C3	−74.5(4)	C21—C22—C23—C24	0.2(5)
O1—C1—C2—C3	104.2(3)	C22—C23—C24—C25	0.0(5)
N1—C2—C3—C4	−74.2(3)	C23—C24—C25—C20	0.2(5)
C1—C2—C3—C4	165.1(3)	C21—C20—C25—C24	−0.5(4)
C2—C3—C4—S1	−59.9(3)	C19—C20—C25—C24	−178.0(3)
C5—S1—C4—C3	−66.3(3)	C8—O3—C27—C28	−179.1(2)
C2—N1—C6—C7	179.2(3)	Zn1—O3—C27—C28	−46.5(3)
Zn1—N1—C6—C7	19.7(4)	C21—O7—C28—C27	−178.3(2)
N1—C6—C7—C12	−162.2(3)	Zn1—O7—C28—C27	−43.2(3)
N1—C6—C7—C8	15.6(5)	O3—C27—C28—O7	58.5(3)
C27—O3—C8—C9	−95.3(3)		
$CoL^2 \cdot H_2O$			
O5—Co1—N1—C6	44.5(6)	N1—C6—C7—C8	13.5(10)
O1—Co1—N1—C6	153.3(6)	N1—C6—C7—C12	−170.6(6)
N2—Co1—N1—C6	95.0(3)	C12—C7—C8—C9	1.0(10)

续表

扭转角	度数 / (°)	扭转角	度数/ (°)
O7—Co1—N1—C6	−117.1(5)	C6—C7—C8—C9	176.8(6)
O3—Co1—N1—C6	−45.2(5)	C12—C7—C8—O3	−178.4(6)
O5—Co1—N1—C2	−119.1(4)	C6—C7—C8—O3	−2.6(10)
O1—Co1—N1—C2	−10.3(4)	C27—O3—C8—C7	95.7(7)
N2—Co1—N1—C2	−69.0(3)	Co1—O3—C8—C7	−37.4(7)
O7—Co1—N1—C2	79.3(4)	C27—O3—C8—C9	−83.7(6)
O3—Co1—N1—C2	151.2(4)	Co1—O3—C8—C9	143.2(5)
O5—Co1—N2—C19	164.6(5)	C13—O4—C9—C10	−1.8(11)
O1—Co1—N2—C19	55.9(5)	C13—O4—C9—C8	178.4(7)
N1—Co1—N2—C19	114.0(3)	C7—C8—C9—O4	−178.9(6)
O7—Co1—N2—C19	−34.4(5)	O3—C8—C9—O4	0.5(8)
O3—Co1—N2—C19	−106.4(5)	C7—C8—C9—C10	1.4(10)
O5—Co1—N2—C15	−2.0(4)	O3—C8—C9—C10	−179.3(6)
O1—Co1—N2—C15	−110.7(4)	O4—C9—C10—C11	177.1(6)
N1—Co1—N2—C15	−52.0(3)	C8—C9—C10—C11	−3.2(11)
O7—Co1—N2—C15	159.1(4)	C9—C10—C11—C12	2.7(11)
O3—Co1—N2—C15	87.0(4)	C10—C11—C12—C7	−0.3(10)
O5—Co1—O1—C1	96.1(5)	C8—C7—C12—C11	−1.5(10)
N1—Co1—O1—C1	2.0(4)	C6—C7—C12—C11	−177.6(6)
N2—Co1—O1—C1	179.2(5)	Co1—O5—C14—O6	179.7(5)
O7—Co1—O1—C1	−97.4(5)	Co1—O5—C14—C15	3.3(7)
O3—Co1—O1—C1	−43.3(6)	C19—N2—C15—C16	74.0(7)
O5—Co1—O3—C8	−46.8(4)	Co1—N2—C15—C16	−118.4(5)

续表

扭转角	度数 /(°)	扭转角	度数/(°)
O1—Co1—O3—C8	95.4(5)	C19—N2—C15—C14	−163.7(5)
N1—Co1—O3—C8	50.0(4)	Co1—N2—C15—C14	3.8(6)
N2—Co1—O3—C8	−127.8(4)	O6—C14—C15—N2	173.5(5)
O7—Co1—O3—C8	152.8(4)	O5—C14—C15—N2	−4.7(8)
O5—Co1—O3—C27	179.9(4)	O6—C14—C15—C16	−57.7(8)
O1—Co1—O3—C27	−37.9(6)	O5—C14—C15—C16	119.1(6)
N1—Co1—O3—C27	−83.3(4)	N2—C15—C16—C17	62.2(7)
N2—Co1—O3—C27	98.9(4)	C14—C15—C16—C17	−59.7(7)
O7—Co1—O3—C27	19.5(3)	C15—C16—C17—S2	167.9(5)
O1—Co1—O5—C14	93.8(5)	C18—S2—C17—C16	−83.8(6)
N1—Co1—O5—C14	176.7(5)	C15—N2—C19—C20	178.1(5)
N2—Co1—O5—C14	−0.7(5)	Co1—N2—C19—C20	12.4(9)
O7—Co1—O5—C14	−51.9(7)	N2—C19—C20—C21	15.2(10)
O3—Co1—O5—C14	−102.8(5)	N2—C19—C20—C25	−163.5(6)
O5—Co1—O7—C21	96.3(5)	C25—C20—C21—O7	179.7(5)
O1—Co1—O7—C21	−51.7(4)	C19—C20—C21—O7	1.0(9)
N1—Co1—O7—C21	−132.7(4)	C25—C20—C21—C22	−0.3(9)
N2—Co1—O7—C21	45.5(4)	C19—C20—C21—C22	−179.0(6)
O3—Co1—O7—C21	150.1(4)	C28—O7—C21—C20	100.5(7)
O5—Co1—O7—C28	−41.2(6)	Co1—O7—C21—C20	−37.8(7)
O1—Co1—O7—C28	170.9(4)	C28—O7—C21—C22	−79.5(6)
N1—Co1—O7—C28	89.8(4)	Co1—O7—C21—C22	142.3(5)
N2—Co1—O7—C28	−91.9(4)	C26—O8—C22—C23	−17.4(9)

续表

扭转角	度数 /(°)	扭转角	度数/(°)
O3—Co1—O7—C28	12.6(3)	C26—O8—C22—C21	165.1(6)
Co1—O1—C1—O2	-178.3(5)	C20—C21—C22—O8	178.1(5)
Co1—O1—C1—C2	6.6(7)	O7—C21—C22—O8	-2.0(8)
C6—N1—C2—C3	90.5(7)	C20—C21—C22—C23	0.4(9)
Co1—N1—C2—C3	-104.7(5)	O7—C21—C22—C23	-179.7(5)
C6—N1—C2—C1	-149.3(6)	O8—C22—C23—C24	-177.4(6)
Co1—N1—C2—C1	15.6(6)	C21—C22—C23—C24	0.1(10)
O2—C1—C2—N1	169.8(5)	C22—C23—C24—C25	-0.6(9)
O1—C1—C2—N1	-14.7(7)	C23—C24—C25—C20	0.7(9)
O2—C1—C2—C3	-69.6(7)	C21—C20—C25—C24	-0.2(9)
O1—C1—C2—C3	105.9(6)	C19—C20—C25—C24	178.6(5)
N1—C2—C3—C4	-61.7(7)	C8—O3—C27—C28	178.5(5)
C1—C2—C3—C4	178.1(5)	Co1—O3—C27—C28	-46.3(5)
C2—C3—C4—S1	-179.6(5)	C21—O7—C28—C27	179.2(5)
C5—S1—C4—C3	-75.9(6)	Co1—O7—C28—C27	-40.9(6)
C2—N1—C6—C7	-173.8(5)	O3—C27—C28—O7	55.4(6)
Co1—N1—C6—C7	23.5(9)		
$NiL^3 \cdot 2CH_3OH$			
O1—Ni1—N1—C3	159.7(4)	O1—S1—C1—C2	60.5(5)
$O1^i$—Ni1—N1—C3	66.7(4)	C3—N1—C2—C1	-125.1(5)
$N1^i$—Ni1—N1—C3	-67.0(4)	Ni1—N1—C2—C1	52.2(6)
O4—Ni1—N1—C3	-27.4(4)	S1—C1—C2—N1	-78.0(6)
$O4^i$—Ni1—N1—C3	-106.5(4)	C2—N1—C3—C4	-179.7(5)

续表

扭转角	度数 /(°)	扭转角	度数/(°)
O1—Ni1—N1—C2	−17.4(4)	Ni1—N1—C3—C4	3.2(8)
O1[i]—Ni1—N1—C2	−110.4(4)	N1—C3—C4—C5	18.8(9)
N1[i]—Ni1—N1—C2	115.9(4)	N1—C3—C4—C9	−160.2(5)
O4—Ni1—N1—C2	155.5(4)	C10—O4—C5—C6	−77.6(7)
O4[i]—Ni1—N1—C2	76.4(4)	Ni1—O4—C5—C6	139.6(4)
O2—S1—O1—Ni1	90.5(4)	C10—O4—C5—C4	103.6(6)
O3—S1—O1—Ni1	−142.0(3)	Ni1—O4—C5—C4	−39.2(6)
C1—S1—O1—Ni1	−26.4(4)	C9—C4—C5—C6	2.1(8)
O1[i]—Ni1—O1—S1	96.7(3)	C3—C4—C5—C6	−176.9(6)
N1—Ni1—O1—S1	8.2(4)	C9—C4—C5—O4	−179.2(5)
N1[i]—Ni1—O1—S1	−166.3(3)	C3—C4—C5—O4	1.8(8)
O4—Ni1—O1—S1	−108.0(10)	C11—O5—C6—C5	−178.0(6)
O4[i]—Ni1—O1—S1	−80.0(3)	C11—O5—C6—C7	1.6(10)
O1—Ni1—O4—C5	162.0(9)	O4—C5—C6—O5	1.0(8)
O1[i]—Ni1—O4—C5	−42.8(4)	C4—C5—C6—O5	179.7(5)
N1—Ni1—O4—C5	45.1(4)	O4—C5—C6—C7	−178.7(5)
N1[i]—Ni1—O4—C5	−139.8(4)	C4—C5—C6—C7	0.0(9)
O4[i]—Ni1—O4—C5	133.4(4)	O5—C6—C7—C8	178.6(6)
O1—Ni1—O4—C10	17.4(12)	C5—C6—C7—C8	−1.7(9)
O1[i]—Ni1—O4—C10	172.7(5)	C6—C7—C8—C9	1.3(10)
N1—Ni1—O4—C10	−99.5(5)	C7—C8—C9—C4	0.8(9)
N1[i]—Ni1—O4—C10	75.7(5)	C5—C4—C9—C8	−2.4(8)
O4[i]—Ni1—O4—C10	−11.1(4)	C3—C4—C9—C8	176.6(5)

续表

扭转角	度数 /(°)	扭转角	度数/(°)
O2—S1—C1—C2	−58.0(5)	C5—O4—C10—C10[i]	−113.8(8)
O3—S1—C1—C2	179.3(4)	Ni1—O4—C10—C10[i]	32.1(10)

注：1. i 为对称符号，对称规则为 $-x+1$，y，$-z+\frac{1}{2}$。

2. 括号中的数字代表前面数值的不确定度。